村镇废弃场地植物修复与生态景观化研究

陈家军　赵　岩　马俊伟　著

U0262507

科学出版社

北　京

内 容 简 介

我国村镇地区的生活垃圾堆放场地和小型工矿废弃场地广泛存在，严重损坏了村镇陆域生态系统，构成了潜在生态安全隐患。本书总结了废弃场地低碳生态修复与景观化实用技术研发过程与成果，重点介绍了高效吸收或降解多重污染物的复合植物生物栅拦截削减技术，及其在生活垃圾堆放场地和小型矿场废弃地修复中的技术效果；阐述了基于阻力因子定量分析的生态安全评估指标体系及安全格局构建方法。本书介绍的村镇废弃场地植物修复与生态景观化技术方法具有广泛的应用价值及产业化前景，为村镇废弃场地生态修复提供了可借鉴和推广的绿色技术，为建设健康的村镇陆域生态系统提供了科技支撑。

本书可供生态、环保尤其是环境修复领域的科研、技术和管理人员使用和参考，服务于相关生态治理和技术研发。也可供园林、建筑、市政以及社会、经济和人文等领域和部门工作的同仁参考使用。

图书在版编目（CIP）数据

村镇废弃场地植物修复与生态景观化研究/陈家军，赵岩，马俊伟著.
—北京：科学出版社，2019.3

ISBN 978-7-03-059311-5

Ⅰ.①村… Ⅱ.①陈… ②赵… ③马… Ⅲ.①乡村–场地–环境污染–植物–生态恢复–研究–中国 Ⅳ.①X171.4

中国版本图书馆 CIP 数据核字（2018）第 248379 号

责任编辑：杨帅英 张力群/责任校对：何艳萍
责任印制：张 伟/封面设计：图阅社

科学出版社 出版
北京东黄城根北街 16 号
邮政编码：100717
http://www.sciencep.com
北京虎彩文化传播有限公司 印刷
科学出版社发行 各地新华书店经销
*
2019 年 3 月第 一 版 开本：787×1092 1/16
2020 年 2 月第二次印刷 印张：9
字数：225 000

定价：99.00 元
（如有印装质量问题，我社负责调换）

前　言

随着我国经济的发展和城镇化的推进，村镇环境问题逐渐凸显，其中村镇垃圾废弃地和工矿废弃地的污染问题尤为严重。村镇地区生活垃圾的堆放可直接导致河道沟渠淤塞，加剧地表水环境污染和富营养化；产生严重的视觉污染和场地污染，影响村容村貌和乡村公共环境卫生；同时极易滋生苍蝇、蚊虫和老鼠等，成为诸多疾病的传染源；并可通过对土壤、水体和大气的复合交叉污染，以及对农产品质量安全的间接影响，对公众身心健康构成威胁与危害。与此同时，村镇遗留工矿废弃地也产生了众多生态环境问题，包括破坏地表景观、占用土地资源、污染土壤和地下水、产生扬尘、影响动植物生境等，进一步加重了村镇污染问题。村镇环境污染愈加严重与村镇环境质量要求日益提高的矛盾不断升级，随着我国农村环境综合整治工作的不断推进，迫切的需要进行村镇垃圾废弃地和工矿废弃地的治理和修复。

我国村镇经济发展相对落后，村镇分布范围广泛且相对分散，使村镇垃圾废弃场地和工矿废弃场地通常规模小而分散，对村镇废弃场地（垃圾废弃场地和小型工矿废弃场地）进行环境修复采用的技术要求明显有别于城市污染场地修复。低投资、低成本、低能耗、易维护是进行村镇废弃场地环境修复选取技术的原则，而具有低碳特点的生态（植物）修复技术，则是满足这一原则，可作为村镇垃圾废弃地和工矿废弃地生态治理和修复的重要方法。进行废弃场地植物修复与场地生态景观恢复密切相关，为此开展了村镇废弃场地植物修复与生态景观化研究，旨在研发适用于村镇废弃场地环境修复的实用技术，为全国村镇废弃场地生态修复全面推进提供技术支撑。此项研究紧密结合国家"推进城镇化健康发展，加快改善农村人居环境"的技术需求，符合国家"十二五"农业与农村科技发展规划，得到了科技部"村镇环境综合整治重大科技工程"科技支撑项目子课题"陆域废弃场地低碳生态修复与景观化实用技术研发"（2012BAJ21B03-01）的资助。

研究以已开展的村镇垃圾及厂矿污染与治理研究与研发为基础，选取北方一些有代表性村庄开展垃圾废弃场地和工矿废弃场地污染调查与取样测试，表征废弃场地类型与污染特征，进一步开展代表性废弃场地植物修复与生态景观化示范研究，通过试验研究与示范场地调查筛选适宜的修复植物，研究不同植物对场地污染物的富集转移规律与土壤修复效果，探索不同种类植物（乔木、灌木、草本）配置对废弃场地减缓地表径流与下渗、阻滞污染迁移扩散的作用效果以及景观化与生态安全影响。研究为村镇废弃场地植物修复与生态景观设计提供了科学依据与技术支持，从而为环境保护工作相对落后的村镇地区废弃场地生态修复提供了可以借鉴和推广的绿色技术。

本书从代表性村镇垃圾废弃场地和工矿废弃场地出发，系统总结了村镇废弃场地的污染特征、植物修复技术的研究方案、村镇废弃场地修复的生态景观化技术研究。阐明了废弃场地主要污染物的识别方法、污染物分布及来源、修复植物的特性研究与筛选、修复植物的配置、示范场地配套建设、示范场地维护、典型村镇废弃场地修复的景观化方案研究、微尺度生态安全格局及阻力因子定量化分析方法的研究等。书中的各种调查和研究方法均来自国内外最新成果的总结和我们的工作实践，并辅以案例，体现了理论与实践的结合，希望在村镇废弃场地植物修复与生态景观化研究领域尽绵薄之力。

参加本书撰写工作的有：陈家军、赵岩、马俊伟、孙峥、闫红霞、谭豪波、高超、柯胜男、徐颖杰，其中，第1章绪论，由马俊伟、赵岩、孙峥、陈家军、柯胜男撰写；第2章村镇生活垃圾堆放场地植物修复技术研究，由马俊伟、闫红霞、高超撰写；第3章村镇小型工矿废弃地植物修复技术研究，由陈家军、孙峥撰写；第4章村镇废弃场地植物修复的生态景观化技术研究，由赵岩、谭豪波、徐颖杰撰写；第5章总结，由陈家军、赵岩、马俊伟撰写。柯胜男、王少愚和李玉青对全书图件进行了系统整理，对书稿排版格式进行了规范化处理。全书最后由陈家军、赵岩统稿而成。此外，参与了本书研究工作的还有刘云松、王兴伟、任雨晴、刘锦钰、张晨、刘珊、常慧敏和刘彦忠。中国水利水电科学研究院刘玲花研究员作为国家科技支撑项目的课题负责人为本书研究工作的规划和总体构想提供了许多建设性指导意见，北京师范大学刘新会教授、清华大学王洪涛教授和北京林业大学张征教授对本书研发村镇废弃场地植物修复与生态景观化技术的应用总结提出了宝贵意见，作者对他们提出的宝贵意见表示衷心的感谢。

由于作者水平有限，本书尚有许多不足之处，还望读者海涵指正。

目　录

第1章 绪 论

1.1 研究背景

2015 年国家统计局统计数据显示，我国乡村人口在 2009 年之前总人口中占比高于城镇人口。随着我国城镇化战略的推进，近年来我国居住在城镇范围内的常住人口总数首度超过乡村人口，并呈逐年上升态势。但我国乡村人口仍占总人口数的 45%以上（席北斗和侯佳奇，2017）。我国大部分村镇地区环境保护工作形势严峻，普遍存在随意堆放的生活垃圾废弃场地，同时，大量粗放式经营的化工、冶金、电镀等行业的小型工矿企业遗留了许多重金属污染废弃场地，严重损坏了村镇地区陆域生态系统，构成了潜在的生态安全隐患。

卫生部调查显示，我国农村每人每天平均产生垃圾量 0.86 kg，全国农村每年生活垃圾排放量近两亿 t，约为城市生活垃圾产生量的 70%～80%，且城乡生活垃圾产生量以 8%～10%的速度持续快速增长（石嫣和程存旺，2017）。村镇地区生活垃圾的无序堆放，直接导致河道沟渠淤塞，道路阻塞，加剧地表水环境污染和富营养化；产生严重的视觉污染和场地污染，影响村容村貌和乡村公共环境卫生；村镇生活垃圾堆放场地多为随意露天堆放，极易滋生苍蝇、蚊虫和老鼠等，成为诸多疾病的传染源；同时通过对土壤、水体和大气的复合交叉污染，以及对农产品质量安全的间接影响，可对公众身心健康构成威胁与危害。

土壤是工矿企业固体废弃物的载体，无论是处理、处置还是堆放，都是在土壤上进行的。固体废弃物经风化、雨雪淋溶、地表径流侵蚀，其中的有毒有害成分渗入土壤（陈明等，2014），将危害土壤植物与微生物，破坏土壤生态平衡，使其丧失腐解能力（谷金锋等，2004）。2014 年，环保部和国土资源部发布了《全国土壤污染状况调查公报》，调查结果显示，我国 19.4%的耕地土壤点位污染超标（官春强，2017）。未经审批占用耕地的村镇工矿企业生产经营活动中的废气、废水排放，以及废渣、危险废物等各类固体废物堆放等，导致周边土壤的严重污染（宗和，2014）。我国近些年来关停了大量工艺落后的冶炼厂、电镀厂、化工厂和采矿场，而其停产废弃后存在的大量工矿废弃地，成为威胁村镇生态安全的主要污染源之一。这些村镇遗留工矿废弃地产生了众多生态环境问题，包括破坏地表景观、占用土地资源、污染土壤和地下水、产生扬尘、影响动植物生境等（邢丹等，2012）。

因此，村镇垃圾废弃地和工矿废弃地的生态治理和修复成为近些年关注的热点。而针对村镇经济发展相对落后的特点，低成本、易维护是村镇环境修复技术选取的原则，具有低碳特点的生态（植物）修复技术则成为村镇垃圾废弃地和工矿废弃地生态治理和修复的重要方法。在植物生态修复中，筛选忍耐型或超累积植物并实地栽种，对改善废弃地的土壤质量和降低污染风险具有重要意义，而建立丰富的植物群落是从根本上解决废弃场地土壤污染问题的重要途径。然而开展植物修复的一个关键工作在于筛选适合的超累积植物，明确超累积植物的富集机理，增加超累积植物的生物量，进而提高其对污染物的富集，并确定特定区域合理的植被配置模式，提高植物群落的生态效益（高雁鹏等，2013）。

基于此，为改善农村地区人居环境，减少村镇陆域生活污染和工矿污染，以垃圾堆放废弃场地和小型工矿废弃场地为潜在的环境风险源，开展适合中国北方农村的经济有效的土壤生态修复技术研发和示范，从而为环境保护工作相对落后的村镇地区废弃场地生态修复提供可以借鉴和推广的绿色技术。

1.2 村镇废弃场地污染现状

1.2.1 村镇垃圾污染问题

近年来伴随着城乡经济快速发展、人口持续增长以及第二、三产业发展壮大，我国村镇垃圾产生量与日俱增，来源渠道日渐多元化，村镇垃圾污染形势日益恶化。我国村镇垃圾废弃场地污染具有如下特点。

1. 垃圾来源多元化

近些年来，随着我国经济的发展和城镇化进程的加快，我国农村垃圾的产生量越来越大，增长速度非常快（杨曙辉等，2010；石嫣和程存旺，2013；王文军，2010；程赟，2011；刘军郶，2011；邱立成，2014），垃圾来源也呈多样化发展趋势，涵盖了餐饮来源、日常用品消费产生的包装和残余物来源、生活用品淘汰来源、清扫来源、农业生产来源等，村镇垃圾污染形势日益恶化。

2. 垃圾成分复杂化

在传统农业社会中，农村生活垃圾主要包括厨余、煤渣、废弃建筑废料和木头等，这些垃圾都容易消纳，处理起来也比较方便。随着城镇化进程加快，农村垃圾成分也在发生变化。垃圾的种类、成分也越来越复杂。一些无机成分如煤渣的含量减少，塑料、厨余垃圾含量增多，除了常见的瓜皮、秸秆、废纸、畜禽粪便可以被生物降解之外，塑料、农药、电子垃圾、医疗废物等难降解物质的含量也增多了（石嫣和程存旺，2013；梁流涛，2009；赵阳，2013；Prechthai et al.，2008）。

对村镇垃圾成分调查发现，有机垃圾占湿基质量 50%左右，其次是建筑垃圾、塑料，超过垃圾总量的 15%。农村生活垃圾在降解腐烂过程中会产生大量有害物质及一些有毒有害气体、重金属、病原菌、放射性元素等，种类和成分日趋城镇化和复杂化（雷弢和万红友，2007；Dao et al.，2013）。

垃圾成分复杂化导致垃圾填埋渗滤液成分的复杂化。垃圾填埋渗滤液在地表径流、降雨、挥发-沉降等过程的联合作用下，转移进入周边土壤和地下水环境，是导致村镇生活垃圾堆放场地污染的主要原因。渗滤液污染物在土壤中发生一系列的物理作用、化学作用和生物作用，将污染物截留在包气带的土壤中，或者通过土壤中的孔隙水携带迁移（翟力新等，2006；谢文刚，2009；Yan et al.，2015）。垃圾渗滤液成分复杂化主要表现为以下 3 种形式。

A. 土壤养分含量增加

垃圾渗滤液污染的土壤养分、总氮（TN）和有机质（SOM）的含量明显高于对照组，且距离垃圾堆体越近，含量越高。研究表明，与对照土样相比，距离垃圾堆体 1 m 处土壤 SOM 和 TN 相应提高了 5.7 倍和 4.8 倍，距离越远，含量越低（夏立江和温小乐，2001）；此外，污染土壤的总磷、速效钾和电导率也都高于未污染土壤。说明垃圾渗滤液改变了周围土壤的性状，距离垃圾堆放场地越近，渗滤液对土壤的浸渗效果就越明显，土壤养分含量越高（褚红榜，2009；Gholami and Panahpour，2010）。

B. 有机污染加重

垃圾渗滤液中有机污染物在土壤中的迁移转化，与挥发、过滤、吸附、沉淀和生物降解等作用密切相关。有机污染程度受土壤结构影响，表层填土相对松散，渗透系数较大，填土层下面为黏土和淤泥，渗透系数很小，污染物渗透主要影响到垃圾堆放场地表层土壤（孔祥娟等，2009）。

C. 重金属污染严重

有机质分解，产生大量的低分子量有机酸，从而使土壤的 pH 下降。pH 降低有利于重金属的溶解，而且有机质含量增加也会促进土壤中重金属的溶出，汞和银及其化合物，会使生物分泌的酶活性降低甚至丧失，还可能与菌体结合，使菌体沉淀变性（肖可青，2009），潜在的土壤重金属污染也不容忽视。北京郊区上庄垃圾填埋场周围土壤中的 Cu、Zn、Cd、Pb 和 Mn 的含量均明显高于未污染土壤，其中 Cd 含量是未污染土壤的 8.4 倍，而 Cu、Zn、Pb 和 Mn 分别为未污染土样的 2.0 倍、1.8

倍、1.3 倍和 1.4 倍；相反，受老龄垃圾渗滤液偏碱性的影响，其污染土壤的重金属溶出率和含量相对较低（常馨方等，2008；Liu and Sang, 2010）。

调研结果显示，深圳盐田垃圾场周边土壤中，除 Hg、Ni 含量较低外，低位土壤（取自垃圾场下游，受到渗沥液污染的土壤）的其余重金属含量均大于高位土壤（取自高程在垃圾堆体以上的小山包和附近的山坡上），重金属大多来源于电子废弃物、废旧电池等；对苏北某市废弃垃圾堆放场周围的农田土壤进行分析，结果表明 Cd、Hg、As、Pb、Cr 五种元素的含量均高于非污染土壤，垃圾堆放点对周边大约 150 m 范围内的土壤产生不同程度的重金属污染（廖利和吴学龙，1999）。

3. 垃圾堆放场地的生态环境风险大

垃圾堆放占用大量农业生产土地：农村生活垃圾随意堆放，已经占用了大量土地，据估计垃圾堆放占用并破坏的耕地面积高达 13.3 万 hm^2，其中仅垃圾简易填埋就占了 37.6%，并呈现出持续扩张趋势，垃圾侵占或污染的耕地资源，在短期内难以逆转修复和再利用（杨曙辉等，2010；史波芬，2011）。

污染村镇生态环境：农村生活垃圾随意露天堆放，河道附近的垃圾可以直接阻塞河道和道路，垃圾在降雨和地表径流作用下会加重水体污染和富营养化；产生严重的视觉污染，污染土壤，影响村容村貌和乡村公共环境卫生（杨曙辉等，2010）；村民随意焚烧垃圾，不仅产生烟尘和有害气体污染大气，而且二噁英等气体会对人体健康造成危害；生活垃圾堆放过程中，塑料、电子废弃物等会分解有机物和重金属，随着时间不断积累，造成土壤污染和破坏；在降雨等条件下产生的垃圾渗滤液，渗透到土壤包气带影响地下水环境质量（Long, et al., 2011；Zhai et al., 2014）。

垃圾渗滤液污染严重：近年来，垃圾渗滤液对土壤的污染逐渐引起了人们重视，而大多数研究集中于对土壤 N、P、重金属等无机指标上，对于有机物污染方面的研究较少。然而，垃圾渗滤液中含有多种持久性有机污染物，如多环芳烃（PAHs）、邻苯二甲酸酯（PAEs）等，对人体危害极大，难以降解，即使极低含量也会造成严重的健康威胁，因此，越来越多的研究者关注到垃圾渗滤液和垃圾堆放场地持久性有机污染物（贾陈忠等，2012）。

贾陈忠等（2012）从武汉金口垃圾填埋场渗滤液和土壤中检测出多种有机污染物，包括大量的难降解有机物，如酚类、胺类、含氮杂环类、杂环芳烃类等物质。范例等（2011）对几个固体废物集中填埋处置场周边土壤污染状况的研究表明，3 个填埋场及周边土壤中多环芳烃均出现不同程度富集，富集系数平均值为 2.01～9.12。褚红榜（2009）对广州市垃圾填埋场渗滤液及其周围土壤中多环芳烃（PAHs）分布特征进行初步研究，发现渗滤液中的 16 种多环芳烃的总浓度平均值高达 417.74

μg/L。垃圾填埋场周围表层和剖面土壤样品均有 PAHs 类化合物检出，PAHs 浓度范围为 102.3～3237 μg/kg，平均值为 405.1 μg/kg，说明垃圾填埋对土壤环境造成 PAHs 污染。韩晓君等（2009）以苏北某市城郊接合部露天垃圾堆放场为对象，分析周边农田土壤中 16 种 PAHs 的含量特征及分布规律。结果表明，垃圾场周边农田土壤中 PAHs 总量（平均值为 1208.51 μg/kg）明显高于未污染土壤（509.25 μg/kg），其中难降解、难挥发的 4 环芳烃的含量显著提高，且土壤 PAHs 含量总体表现为随着与垃圾堆体的距离增大而降低的趋势。多环芳烃是垃圾渗滤液中常见的持久性有机污染物。

垃圾渗滤液对土壤产生有机物污染的同时，还会造成土壤的重金属污染。受年轻垃圾堆放场地渗滤液污染的土壤，由于渗滤液中有机物含量较高，导致土壤有机质含量的提高，从而促进土壤微生物的活性，加快有机质的分解（夏立江和温小乐，2001；冯国光，2006；张彩香，2007）。

危害村镇居民健康，加大生态安全风险：村镇生活垃圾堆放场地多为随意露天堆积，容易滋生苍蝇、蚊子和老鼠，成为许多疾病传播的主要来源，垃圾堆放污染土壤、水体，臭味污染大气，形成土壤、水体和大气的复合污染，还会间接影响农产品的质量和安全，从而危害公众健康（杨曙辉等，2010；王宝贞和王琳，2005；滕志坤，2012）。

1.2.2　村镇工矿废弃场地污染问题

随着农村经济的发展，农村现代化进程的不断加快，农村出现了大量村镇企业，在促进了农村经济发展的同时，也产生了污染问题。据相关调查显示，全国乡镇工业污染源为 121.6 万个，占乡镇工业企业总数的 16.9%。因村镇企业数量不断增加，管理体系监管缺失，产生了一系列环境问题，村镇工矿废弃场地污染尤为严重（席北斗和侯佳奇，2017）。

村镇陆域受损的工矿废弃地主要是因冶金、化工、电镀、造纸、毛纺、制革等乡镇小企业、小作坊违法排放废水废渣形成的失去原有生态功能和土地价值的废置场地。重金属是村镇工矿废弃场地的主要污染物，是非生物降解的无机物质，所以重金属污染场地自身很难通过自然衰减或微生物降解达到无害化。同时，由于某些重金属的离子态形式在土壤中又具有一定的移动性，使得场地重金属污染也会对地下水造成一定的环境风险，甚至通过食物链进一步影响人体健康。目前我国区域范围重金属污染比较集中的省份主要分布在我国东北（辽宁）、华北（河北，山东）、华中（湖北，湖南，江西）、华东（江苏，浙江）和西南地区（贵州，云南，广西，四川和重庆）。

土壤重金属污染来源广泛，主要是由采矿冶炼、化工、电镀、电子和制革等工业产生。土壤重金属污染存在以下几个特点（付亚星，2014；余江，2010；陈同斌，1999）：

（1）普遍性。随着城镇化的发展，村镇土壤重金属的污染日趋普遍。建筑用地、耕地都有不同程度的污染。

（2）隐蔽性。重金属污染不像其他污染存在刺鼻气味，土壤重金属污染很难通过感官觉察，一般只能通过检测土壤样品和相应植物中重金属含量，或相应植物的生长情况，或通过对人畜健康的影响来确定。重金属进入食物链一般需要几十年才能表现出伤害。因此，土壤重金属污染从产生到发现往往要经历很长时间。

（3）难降解性和不可逆性。重金属污染物在土壤环境中难降解，通过食物链在动植物体内积累，逐步富集，最后进入人体造成危害。重金属进入人体，对人体的危害具有不可逆性，是对人类危害最大的污染物之一。

（4）累积性。大气和水体中的污染物质，都具有一定的迁移能力，但土壤中的污染物质不容易扩散和稀释，因此容易在土壤中不断积累而超标。

同时土壤重金属污染还有难治理、长期性等特点。

当土壤重金属通过食物链进入人体，经过一定程度的积累，人体就会受到不同程度的危害。Pb 进入人体内后，能与人体细胞内的蛋白质等成分发生反应，对人体新陈代谢产生一定影响，过量的 Pb 会对人体神经系统、消化系统和造血系统等造成危害（儿童更为敏感）。Pb 对于人体的临床毒性表现为贫血、便秘、腹痛、呕吐及食欲减退等（唐翔宇和朱永官，2004）。

Zn 是人类体内必需的微量元素，可以通过控制酶调控生物的代谢系统，但是人体摄入大量 Zn 会引起胃穿孔或黏膜炎等疾病，还可致肝、肾功能受阻。

As 在自然环境中含量极低，人类长期接触 As，会引起细胞中毒，有时也会诱发恶性肿瘤。一般认为无机砷化物的毒性比有机砷化物大，无机砷中毒性最强的是三价 As（张小红，2008）。

Cd 主要通过食物尤其是蔬菜在人体内累积，能引起急慢性中毒，对人体的危害巨大。进入人体内的 Cd 可损害血管，导致组织缺血；引起肺、肾、肝的损伤；骨骼中含有过量的 Cd 会使骨骼软化、疏松。此外，Cd 可能还有"三致"作用。

1.3 植物修复技术研究现状

1.3.1 污染场地植物修复基本原理

植物修复是利用植物和有关微生物去除和降解土壤、水及大气中的污染物，具有成本低廉、效果显著、兼顾环境美学效应等优点，不仅应用于土壤中污染物的去除，同时应用于空气污染物去除、湖泊富营养化治理、人工湿地建设、填埋场表层覆盖与生态恢复、生物栖身地重建等诸多领域，修复的污染物主要有重金属、有机污染物、农药等。植物修复是利用植物提取、分解、转化、吸收与挥发清除污染土壤的重金属或有机污染物，或固定土壤中有毒有害污染物（USEPA，2000；丁佳红等，2004）。污染土壤植物修复原理主要包括：植物提取、植物固定、植物吸收与挥发、植物根系活动与根系微生物作用等。植物提取指植物对污染物的直接吸收及对污染物的超累积作用；植物固定作用是植物通过某种生物化学过程或者是反应，使污染基质的流动性降低，生物可利用性下降，进而减轻污染物对植物的毒性（旷远文等，2004）；植物吸收与挥发是指通过植物的吸收促进某些污染物转化为可挥发态，挥发出土壤和植物表面，达到治理土壤污染的目的（丁佳红等，2004）；植物根系活动是由于植物根系分泌糖类、有机酸、氨基酸、脂肪酸等有机质，降低了根际土壤的 pH 值，加上植物根系对土壤水分、氧含量、土壤通气性的调适，刺激了根系附近微生物群体的发育，使根际环境成为微生物作用的活跃区域，促进植物对污染物的吸收、挥发或固定（王建林和刘芷宇，1991；Stana-Kleinschek et al.，1999；Çador et al.，1996；李花粉等，1998；周国华等，2002）。其中利用超富集植物的提取作用清除土壤中污染物是一种重要的、应用最为广泛的植物修复技术。研究表明，可通过持久性有机污染物的辛醇-水分配系数（logKow）值来判别其能否被植物摄取，一般认为 logKow 在 1～3.5 之间的物质可以被植物吸收摄取（Rajkumar, et al.，2012；Kabas, et al.，2012；Ali, et al. 2013）。

超富集植物（hyperaccumulator）的发现与筛选是植物提取修复技术的基础和关键，世界上已经发现的超富集植物有 400 多种。例如，国内学者发现的超富集植物——蜈蚣草对砷毒具有极强的耐性，在野外自然生长条件下其羽片含砷量可达 1850 mg/kg，现已经应用于砷污染土壤的实地修复；黑麦草对重金属污染土壤进行 90 天的盆栽实验表明，刈割可以促进黑麦草对 Pb 的吸收，使 Pb 的总吸收量增加 34.12%；油菜和紫花苜蓿混种可去除 65.17%～83.52% 的菲和 60.09%～75.34% 的芘；考察玉米对 PAHs 的修复效果，发现其角质层、叶、茎部分的 PAHs 与土壤 PAHs 浓度具有很好的相关性（褚红榜，2009）。

此外植物还有拦截（减少）地表径流和吸收土壤水分减缓降水下渗作用，通过这些水力控制作用可防止或减轻污染水平径流扩散（扩展）和向下迁移扩展。植物吸收土壤水分、通过蒸腾作用排泄从而减少降水在土壤中进一步下渗的作用称为减渗作用。

1.3.2　垃圾废弃地植物修复现状

1. 垃圾填埋场植被恢复

植被恢复法主要通过乔木、灌木、草本配置的措施重建垃圾场地的生态。发达国家超过半数以上的垃圾直接进行填埋，占用了大量土地。为了解决土地占用问题，并且兼顾城市环境的美观，不少垃圾填埋场在封场后往往进一步开发，成为供人们利用的公园、绿地、高尔夫球场等。但是，要完成这些，必须先对填埋场植被进行重建（周良，2012）。国外针对填埋场植被重建的研究和利用比较早，一开始主要是筛选合适的植物，在填埋场进行种植。1988 年，芬兰就有 40 个垃圾填埋场采用植物进行生态恢复。垃圾场的种植试验说明垃圾场适合采用乔木、灌木搭配种植，一些对填埋气耐受性强、根系发达的植物更适宜在垃圾场生长，如垂柳、香樟、广玉兰等（Bradshanl et al., 1990）。还有的国家曾经将垃圾场建成育苗基地，在改善垃圾场生态环境的同时创造经济效益。例如，美国圣地亚哥的 Miramar 垃圾填埋场，对 150 英亩的封场区域进行土壤改良，使用大量的高质量堆肥，然后栽植填埋场育苗基地培育的本地植物品种，将其重建成与填埋场使用前类似的开放绿地，成效显著（Belevi et al., 1989）。后来，人们开始将超累积植物用于垃圾填埋场的污染修复。Pawlowska 等在明尼苏达州一个重金属污染严重的垃圾填埋场地上，种植三种植物进行场地的生态修复研究，结果表明植物对修复重金属污染效果良好（Pawlowska et al.，2000）。

针对重金属和 N 污染场地植物修复，Gupta 和 Sinha（2006）研究了 4 种植物对制革厂污泥堆放场地的重金属的修复效果，发现白花牛角瓜和黄花稔适合重金属污染场地修复。Morikawa 和 Erkin（2003）研究发现了多种植物吸收还原 N 的情况，发现玉兰吸收 NO_2-N 能力较强，菊科、茄科、杨柳科等植物还原 N 化合物能力较强。

国内针对垃圾填埋场植物修复的研究起步较晚。胡秀仁（1995）对城市生活垃圾堆放场植被恢复技术进行初步研究发现，肖家河垃圾场和东小口垃圾场垃圾中的有机质、全氮、全磷分别为清华花房土壤的 5.6～13.0 倍、4.6～4.8 倍、1.6～2.2 倍，分别为北京农地土壤的 7.9～12.0 倍、4.5～4.7 倍、0.7～0.9 倍，城市生活垃圾中的肥效含量比较丰富，尤其是有机质更为突出，具备适于植物生长的土壤条件。垃圾堆放场地有机质、NH_3-N 含量相对较高，土壤肥力增加可为修复植物提供必需营养元素。林学瑞等（2002）对中山市一个关闭了 5 年左右的垃圾卫生填埋场进行植被恢复，场内土壤的盐分、有机质等含量远远高于场外的对照土壤。填埋场植被恢复效果很好，覆盖率高达 98%，主要是草本植物，还有一些灌木。垃圾场周边土壤中，渗滤液进入土壤后提高了土壤的有机质含量,增加了土壤微生物的活性,垃圾堆放场具备供植物生长的优势条件,可通过植物修复改善场地环境条件(包丹丹等,2011)。

2. 垃圾场地适生植物的筛选

植物的筛择,主要是依据当地的气候条件、地形条件、水文土壤质地等条件来确定适合栽种植物,包括草本、乔本以及灌木,优先考虑乡土树种,再次考虑具有改善土壤能力的固氮植物,然后考虑耐毒、耐金属等耐性较强、生长速度较快的植物,逐步改善污染场地的生态环境。

高吉喜和沈英娃(1997)用盆栽法研究了垃圾场地种植不同植物的效果及其生态毒性,结果表明在垃圾堆放场地土样中种植草本类植物均能成活;张国发等(2005)在香根草研究与进展中提到香根草属抗盐植物,对强酸(pH=3.8)、强碱(pH=10.5)或受金属污染的土壤有较强适应性;夏汉平等(2002)研究了香根草在垃圾堆放场覆盖层的生态恢复作用,取得良好的生态效果和经济效益。

3. 垃圾场植被恢复的环境因子

诸多研究表明,填埋气体和填埋场内高热量对修复植物生长具有重要影响,甲烷(CH_4)可以将植物周围的氧气置换出来,从而影响植物生长,或者甲烷菌的活动会消耗植物周围氧气,同样会影响植物生长。垃圾填埋场内的垃圾在分解过程中会释放热量,从而加快垃圾降解,如此使填埋场温度进一步提高,但过高温度也会影响植物生长。

20 世纪 70 年代,国外开始研究垃圾填埋场气体对植物生长的影响,Flower 等(1987)通过对美国 100 个已关闭的垃圾填埋场进行调查后发现,甲烷浓度越高,植被覆盖度越低。也有不少学者发现,女贞、白蜡树、臭椿、苜蓿等草本植物,对甲烷气体有很强的耐性,适宜在垃圾场生长(刘凯,2000;邵立明等,2006)。国内相关研究开始于 20 世纪 90 年代,发现垃圾场可以直接种植草本和一些观赏花卉,但不能直接种植粮食作物和牧草。敦婉如和岳喜连(1994)的研究表明填埋场甲烷气体和高温均会影响植被的生长。高吉喜和沈英娃(1997)的研究也得到类似结论,发现沼气对植物的危害作用,并建议新填埋或堆放的垃圾场,需考虑植物种类选择、表面覆土材料选择、表面覆土厚度及外形设计等内容。

鉴于生活垃圾渗滤液对土壤环境的污染和影响,及时采取有效措施对污染土壤进行修复很有必要。国内外学者针对垃圾填埋场地污染特征和植物修复的相关研究多集中讨论填埋场表层覆盖与生态恢复,填埋场覆盖层植物生长的环境因素、填埋气、热量等对生态环境恢复的干扰等。相关垃圾填埋场地的研究对象多为专业的城市垃圾填埋场，且以场地重金属污染的修复为主，针对村镇零散的垃圾堆放场地的污染，尤其是持久性有机污染物（POPs）的污染特征及植物修复的研究较少。

1.3.3　工矿废弃地植物修复现状

针对重金属污染土壤的修复方法种类很多，按修复方式可以分为工程方法（客土或者换土）、化学改良方法（添加土壤稳定固定试剂）和生态改造方法（恢复场地生态）等。其中，植物修复技术因为属于绿色环保技术，近十几年来得到了研究领域学者和业界的广泛关注，并在微观机理研究和宏观实践上，取得了一定的进展（孙约兵等，2007；吴志强等，2007）。

国际上关于土壤重金属污染与修复的研究，始于 20 世纪 70 年代，最多的是关于植物提取修复，包括超积累植物的筛选与鉴定、重金属在植物体内的分布与解毒机制、植物超积累重金属的生理与分子机制、提高植物重金属吸取修复效率的调控技术原理、效应及风险等。其中，以锌、镉超积累植物天蓝遏蓝菜（原拉丁名 *Thlaspi caerulescens*，现名 *Noccaea caerulescens*）的相关研究最为普遍；大生物量的重金属高积累植物，则以印度芥菜为主，文献较多集中于诱导络合强化植物如何提取和固定土壤重金属污染物；在野外植物调查的过程中，截至目前大约有 500 多种植物种经过研究鉴定后被确认为超富集植物。其中有大约 227 种植物是属于重金属元素镍的超富集植物，还有一些能够超富集镉（Cd）、钴（Co）、铜（Cu）、锰（Mn）、锌（Zn）的植物被发现。但这些植物多是在特别生境中经过漫长的驯化，表现为植株矮小、单株生物量低、植物个体的生命周期长、有很强的地域性等特征，因此在这几百种植物中，只有个别植物可以用于工程实践修复并具有一定的商业价值。在挥发性金属污染土壤植物修复方面，则以硒（Se）、汞（Hg）等的报道居多。我国重金属污染土壤植物修复技术兴起于 20 世纪 90 年代中后期，在修复植物的筛选、鉴定，植物吸收、富集金属的机制，修复植物栽培、管理，提高修复效率强化技术，修复植物的无害化处置和资源利用等方面均开展了大量研究，然而我国植物修复技术的应用还处于初级阶段，多为实验室研究结果或仅小面积的示范，离大面积应用还有不小差距。但是在植物修复技术研发示范的具体方向上，我国与世界上其他国家和地区（美国、印度、西班牙、意大利）的差别并不明显，相似的方面如下：主要是对植物修复的微观原理的探索研究，针对植物修复成套技术开发和后续实际工程施工的研究；在使用植物修复技术前后，对场地的生态风险评价和场地的环境修复效果评价。小规模试验应用的植物修复技术则是联合了微生物、化学稳定剂或者工程措施；主要治理的污染物是毒性较大的重金属（具体包括 As、Cd、Cr、Zn、Pb、

Hg 等）。覃勇荣等人（2010）以广西南丹长坡矿堆存 50 年之久的尾矿坝为实验对象，采用盆栽模拟法，应用室内土培和水培两种试验方法，研究了不同矿土比例以及不同浓度 Pb^{2+}、Cu^{2+}、Zn^{2+} 在任豆苗体内的吸收、积累和分布的动态变化规律。实验表明，任豆在尾矿坝的人工生态恢复（植物修复）中有一定的应用价值，但能否大规模采用任豆作为尾矿坝的生态修复物种，需要作进一步研究验证。肖舒等（2017）采用栾树进行锰矿废弃物（尾泥和尾渣）盆栽试验，探讨不同混合比例处理方式下锰尾矿废弃物的特性以及栾树对重金属 Mn 的植物修复效果。从栾树的 Mn 富集量、生物富集系数和转移系数来看，栾树对 Mn 的转移能力较强且具有较好的锰富集能力，同时说明一定的生物活性有助于污染修复。技术应用方面，土壤重金属污染的植物修复从实验室到温室再到大田的试验在有序开展。在欧洲，英国、西班牙、意大利和波兰等国家积极开展了重金属污染矿山和冶炼废渣堆的植物修复工作。针对矿山废弃地的生态恢复研究，优先探索使用矿区的乡土物种进行实地修复，开发出针对不同类型重金属污染的矿山废弃地的耐性植物品种，具有一定的生态修复商业价值。部分研究主要聚焦于重金属耐受性基因的发现，于 2005 年在北部格拉多和玛拉诺地区的一块国家优先修复场地开展了第一个植物修复盆栽和场地试验，研究杨树、柳树和向日葵的修复潜力，污染土壤中重金属的移动性和如何提高植物修复效率。据 USEPA 统计显示，截至 2012 年，美国约有 1800 多块场地开展了场地植物修复，并且建立了完善的植物修复技术和应用实例在线数据库。例如，针对帕默顿名为蓝山约 3000 英亩（$1acre \approx 0.4hm^2$）的锌渣堆放场，从 1982 年开始列入优先修复场地清单到持续分批的生态复垦，人工种植或喷播热季型草本植物，到后期建植木本植物资源岛，历经 21 年，在 2013 年实现全面修复并且修复完成后还需要持续监测。发达国家中尤其是美国，法律和资助体系比较完善，其设立的《超级基金法》和棕色地块经济自主再开发计划，为污染场地的评估、修复、社区参与等提供资助；美国的 Edenspace 公司针对砷污染研发了自己的专利植物，并应用于实际修复工程；植物修复技术在美国处于产业化初期阶段。我国科学家通过对全国 20 多个省市的污染矿区开展大规模野外调查、室内分析和盆栽试验，开发出成套的修复工艺，具体是超富集植物品种的筛选、幼苗的培育，大田的水肥管理，在土壤中添加生物或化学试剂，并且在砷污染农田较为集中的湖南省郴州市邓家塘（砷制品厂违规排放污染农田）、浙江富阳（冶金回收冶炼企业违规排放污染农田）、广西环江县（尾砂坝坍塌导致的农田污染）、广东乐昌（镉等重金属污染农田）等地开展工程修复示范（王庆海，2012）。

　　在现阶段，植物修复土壤重金属污染的技术主要包括采取加固定（钝化）剂、选用超累积植物、合理施用有机肥、加微生物强化、改变土壤 pH 值等措施降低污染物的有效性，从而达到修复目的。国内在重金属污染的植物修复机理方面研究较多，工程示范集中于污水灌溉砷、铅、镉污染农田和金属矿山开采后的尾矿堆污染修复。从整体看，如何开发高生物量的植物种，如何选用适宜的生物或者化学土壤改良剂以提高修复植物固定或提取重金属的效率，或者是通过农艺管理提高修复植物的成活率和产量，是目前植物修复技术工程应用中实践最多的方面。从国内外植物修复技术的发展阶段来看，主要是通过政府出资主导或技术外包的形式开展的一些植物修复技术大田或场地示范。在具体的研究层次上包括：筛选超富集植物物种和保存超忍耐乡土植物种质资源；从微观分子角度研究植物在土壤重金属胁迫条件下的解毒机理；从物种改良角度研究通过基因工程或杂交手段实现超富集植物高生物量的生长；以及根际圈环境植物的根系分泌物和土壤微生物联合作用条件下重金属运移规律（徐礼生等，2010；朱雅兰，2010；Bell et al., 2014；Liu et al., 2014）。在国内，把植物修复应用于村镇地区小工矿企业废弃场地污染的工程实践尚不多见，因为工矿废弃地多属于高浓度复合重金属污染，工矿废弃地植被重建是目前广泛被认可的污染场地修复及景观化的最好方法。但是难点在于工矿废弃地的生境恶劣，土质结构极差，给植物的生长带来许多限制因素。为了使植物能够生长在废弃地，现行主要措施有：①基质改良，主要通过煤灰、污泥等改善基质性状和营养状况，降低重金属的生物毒性；②隔离层技术，利用阻渗效果较好的土建废料作为表土和废弃地之间的隔离层，以阻碍重金属向上迁移；③利用超富集植物或耐性植物或乡土植物，进行植被重建，尤其适用于村镇地区的低成本生态修复。

1.4　陆域废弃场地景观生态与安全格局研究现状

景观生态学是以异质性景观为研究对象，探讨不同尺度上景观的空间格局、系统功能、动态变化及其相互作用的综合性交叉学科。与城市或区域景观生态和安全格局的研究对象不同，本书讨论的景观生态研究对象为陆域废弃场地，主要是指由于大量堆积或掩埋工业废渣或生活垃圾，使土地原有使用功能丧失或部分丧失的地块（杨锐和王浩，2010），具有微观尺度的特点。陆域废弃场地由于被工业废渣或生活垃圾污染，通常积累了高浓度的有机或无机污染物，使其上的植被、动物以及微生物的生态系统遭到破坏。然而，陆域废弃场地同时具有一定的景观潜质。一方面，随着社会经济的不断发展，部分废弃场地具有面积大、地理位置优越等特点，逐渐成为靠近居民生活、生产的珍贵土地资源。另一方面，村镇陆域废弃场地与人类活动关系紧密。针对当地环境保护、区域发展规划和村镇社会经济等多方面特点，以景观设计为主导，建设针对废弃场地的生态修复技术与工程，与环境保护、区域规划和社会经济等学科交叉融合,是解决陆域废弃场地环境问题的科学途径(王起明,2013)。

　　由于经济、社会和环境保护发展的差异,我国陆域废弃场地主要集中于村镇地区。总结其景观生态特征,其通常具有中低污染、小尺度、与人类活动关系紧密的特点。对废弃场地生态修复的技术与实践进行研究,发现污染土壤的生态毒性是生态恢复措施需解决的首要问题(Bireescu et al.,2010)。将景观生态学的“源—汇”理论应用于陆域废弃场地生态修复,优化生态安全格局,在源头减少污染物产生和释放,并在污染物运移过程中进行拦截和促进无害化,是目前陆域废弃场地生态修复的重要手段(Forman,1995)。

　　村镇陆域废弃场地的生态改造主要有三个方向:即恢复成农业用地、改造成林业用地,以及建设为景观休闲用地等(杨锐和王浩,2010;谭豪波等,2016),其生态修复主要目标是建设良性循环的生态系统。同时,土地利用变化与生态安全水平密切相关,可通过改变植被、水文、土壤等因素改变生态系统安全状态(卢嫄,2006;李晶等,2013)。构建符合区域生态安全的土地利用格局,是协调社会经济发展与生态环境冲突、实现土地可持续利用的有效途径(史培军等,2002),也是废弃场地生态修复的基本要求(韩振华等,2010;俞孔坚等,2009)。景观格局优化模型是构建生态安全格局的常用方法,通过设计关键点线面及其空间组合,维持生态系统结构和过程完整性,实现对区域生态环境的有效控制和持续改善(马克明等,2004)。景观格局优化模型是景观生态学构建生态安全格局的常用方法,最常用的是最小累积阻力模型(魏伟,2009;Ye et al.,2015)。该模型源于物种扩散过程研究,认为物种在穿越异质景观时须克服一定景观阻力,其中累积阻力最小的通道即为最适宜的通道。最小累积阻力模型指物种在从源到目的地运动过程中所需耗费代价最小的模型。景观生态学中利用阻力模型研究构建土地利用格局时,通常经过“源”的选取、阻力因子体系构建、阻力因子等级划分、阻力面生成及土地利用生态安全格局构建等步骤。其中“源”指在格局与过程研究中能够促进生态过程发展的景观类型,随着从“源”向外的扩展,阻力值越来越大。

　　然而现有景观生态学中阻力因子与安全格局的研究方法主要针对区域、流域、城市等从几至几百平方千米不等的大中尺度研究(陈利顶等,2014;邬建国等,2004),在村镇生态系统安全格局构建等微尺度($<1 \text{ km}^2$)的应用中有明显的不适用性。此外,在常规的景观生态学研究中,“源—汇”理论主要的研究对象是面源污染,如在面源污染的形成和去除过程中,部分农田用地等景观类型起到了“源”的作用,而人工构建的湿地生态或者植被缓冲带等景观类型对于污染物具有一定蓄滞作用,从而起到了“汇”的作用,相应的降雨或其他因素引起的地表径流发挥了一定的传

输作用。流域中的"源""汇"平衡，会大幅减少流域的污染物向外界输出；相反若"源""汇"不平衡，景观格局分布不合理，滞蓄作用不足以抵消面源污染的产生，流域内的污染物会有较大概率向外界输出。因此，在村镇陆域废弃场地的景观生态研究中，可借鉴景观生态学的"源—汇"理论，但其核心要素是污染物的迁移而非物种迁移或景观扩张，污染物的迁移能力决定了研究与评估属于微尺度范畴。通过用地、植被等多种要素的合理配置，能够增强废弃场地及周边区域的生态系统稳定性，恢复其原有功能。

第2章　村镇生活垃圾堆放场地植物修复技术研究

2.1　村镇生活垃圾堆放场地的污染特征

为全面分析村镇生活垃圾堆放场地污染特征,分别对河北涞水县两个村庄北涧头村东和张翠台村中两个较大型的典型农村垃圾堆场进行了详细调查和取样分析(后文分别称垃圾堆场一和垃圾堆场二)。

北涧头村,人口约 2500 人,地处涞水县城(114°59′E～115°48′E,39°17′N～39°57′N)以北约 5 km 处,位于县东南部拒马河冲积平原地带,土质以碳酸盐褐土、页岩残积褐土为主。平均海拔 1016 m。属温带大陆性季风气候,年平均气温 11.09℃,无霜期 187 天,平均降水量 561.7 mm。

北涧头村在涞水县的位置如图 2.1 所示。

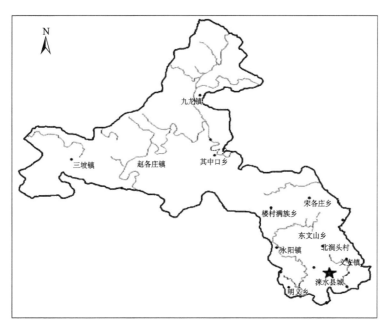

图 2.1　研究区域在涞水县的位置示意图

2.1.1　北涧头村村东河道旁垃圾堆场污染特征

村东垃圾堆放场地的垃圾主要是村镇生活垃圾,有少量建筑垃圾和工业垃圾。主要成分有:有机垃圾(剩饭菜、瓜果皮核、杂草树叶等)、无机垃圾(炉灰、煤渣、扫地土、废弃砖瓦等)、塑料垃圾(各类食品包装袋,破旧塑料膜等)、有害垃圾(农药瓶、除草剂、废旧电池、旧灯管等)。

在垃圾堆放场选取不同位置的采样点,每个采样点按不同深度(0~40 cm)采样,具体采样点的分布情况见图2.2,而采样点的特征或功能则如表2.1所示。

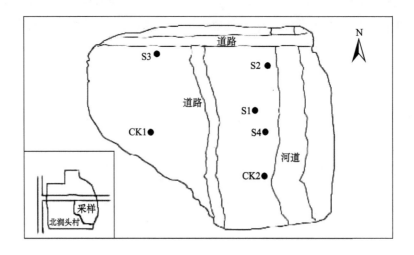

图 2.2　垃圾场采样点分布

表 2.1　垃圾场采样点分布

编号	样点特征或功能
CK1	垃圾场旁小杨树林剖面土,对照
CK2	河道岸坡土,对照
S1	较久的垃圾堆放地,表面已无明显垃圾堆放
S4	有干草堆积的地点,S1旁边
S2	河边岸坡比较湿的煤渣、建筑等垃圾
S3	路边的新堆积、煤渣、建筑等垃圾

通过对采样点取样的测试分析,所得垃圾样品的主要污染指标如下。

1. 总有机碳(TOC)

由于垃圾的长期堆放,产生的渗滤液随降水、地表径流等作用,渗入土壤环境导致其中污染物含量上升。有机污染物进入土壤后在微生物等作用下，沉积转化为腐殖质等有机物，因此各取样点表层土总有机碳（TOC）均高于对照土样 CK1、CK2（图 2.3）。CK1、CK2 分别采自堆放场地附近的杨树林和河道岸坡，可视为未被污染的当地土壤，其 TOC 变化范围 3.28～7.04 g/kg，而被污染的 S1～S4 样本的 TOC 变化范围为 11.62～32.75 g/kg。CK1、CK2 的 TOC 平均含量为 4.08 g/kg，可视为该地区土壤 TOC 的本底值。S1～S4 的 TOC 含量分别为本底值的 7.56、6.02、4.04、3.29 倍。

垃圾堆放场纵向剖面上 TOC 浓度变化如图 2.3 所示。CK1、CK2 采样点 0～40 cm 的剖面上，TOC 浓度没有明显变化。S2 为河边岸坡比较湿的煤渣及建筑垃圾，S2 取样点 0～10 cm 表层土壤中 TOC 浓度最高，为 32.33 g/kg。此后随着深度增加 TOC 浓度下降，10～30 cm 无明显变化，30～40 cm 处浓度再次下降。S3 由于是路边新堆放的垃圾，可能污染还没扩散到下层，所以表层 TOC 浓度相对较高。S4 采样点为干草堆积，TOC 浓度随深度变化不大。S1 垃圾堆放久，故其表层土壤 TOC 浓度较高，随着深度增加，TOC 浓度降低，但是总的 TOC 浓度均大于其他采样点。说明垃圾堆放时间越长，污染物向下迁移越多。

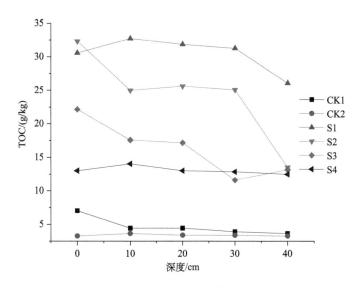

图 2.3　堆放场地 TOC 含量纵向分布

2. 总氮（TN）、总磷（TP）

垃圾堆放场表层不同形态氮如表 2.2 所示，剖面上不同深度 TN、TP 浓度纵向变化如图 2.4 和图 2.5 所示。

表 2.2　堆放场地表层土壤 0～10cm 深不同形态氮

采样点	铵氮（NH_4^+-N）/（mg/kg）	亚硝氮（NO_2^--N）/（mg/kg）	硝氮（NO_3^--N）/（mg/kg）	无机氮/（mg/kg）	有机氮/（mg/kg）	总氮（TN）/（mg/kg）	有机氮/总氮/%
CK1	28.77	0.68	11.07	40.52	728.01	768.53	94.73
CK2	17.84	0.28	9.09	27.21	345.68	372.89	92.7
S1	22.82	0.95	45.2	68.98	1528.44	1597.42	95.68
S2	28.47	6.38	118.18	153.03	2016.26	2169.29	92.95
S3	23.93	4.22	57.81	85.96	1711.06	1797.02	95.22
S4	42.44	4.33	140.91	187.68	1625.28	1812.95	89.65

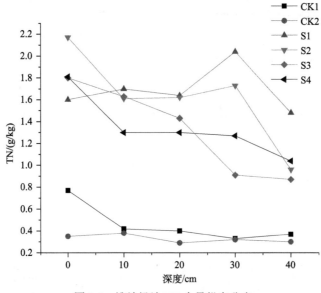

图 2.4　堆放场地 TN 含量纵向分布

　　CK1、CK2 两点所采土样 TN 变化范围为 0.29～0.77 g/kg，TP 变化范围为 0.29～0.43 g/kg；而被污染的 S1～S4 样本 TN 变化范围为 0.87～2.17g/kg，TP 变化范围为 0.68～1.19 g/kg。表 2.1 和表 2.2 可以看出表层土壤（0～10 cm）主要以有机氮的形式存在，各采样点有机氮占到总氮的 89.6%～95.7%。表层（0～10 cm）土壤，S1、S2、S3、S4 的 TN 浓度高于对照点 CK1、CK2，其中 S2 点（河边岸坡比较湿的煤渣、建筑垃圾）TN 浓度最高，为 2.17 g/kg。这是因为垃圾渗滤液中含有大量 N 类物质，尤其是其中的有机氮进入土壤，导致土壤 TN 含量显著上升。随土壤剖面深度增加，TN、TP 含量呈降低趋势。S1、S2 深层土壤（10～40 cm）中 TN、TP 浓度比其他采样点高，这与 TOC 的分布情况类似，S1、S2 的污染较重，可能与堆放的垃圾成分有关。S1 采自垃圾堆放较久的场地，经过长时间的渗透，深层污染较重，S2 采自新鲜的垃圾堆放场地，表层污染较重。

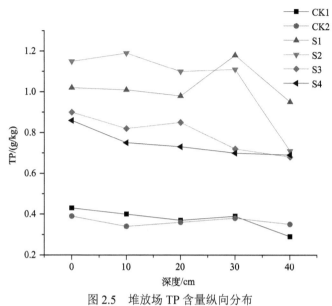

图 2.5　堆放场 TP 含量纵向分布

3. 无机氮

垃圾堆放地各取样点不同形态无机氮的测定结果如图 2.6 所示。垃圾堆场受污染土壤中无机氮存在形态中，以硝态氮（NO_3^--N）为主，其次为铵态氮（NH_4^+-N），亚硝态氮（NO_2^--N）含量很低。

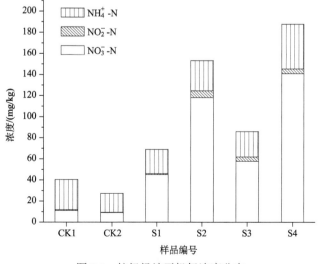

图 2.6　垃圾场地无机氮浓度分布

CK1、CK2 采样点 NH$_4^+$-N 含量高于 NO$_3^-$-N，占无机氮 65%以上。对照土与污染土壤 NH$_4^+$-N 含量差别不大，但 NO$_3^-$-N 含量差别明显，可能是因为垃圾场污染的有机氮、NH$_4^+$-N 等经硝化作用、亚硝化作用等，最终多转化为稳定的 NO$_3^-$-N，导致污染土壤无机氮以 NO$_3^-$-N 为主，所占比例为 65.5%～77.2%。该垃圾堆放场地的 NH$_4^+$、NO$_2^-$、NO$_3^-$ 纵向分布情况分别如图 2.7～图 2.9 所示。

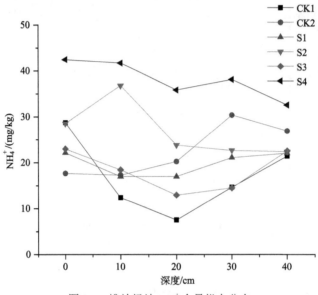

图 2.7　堆放场地 NH$_4^+$ 含量纵向分布

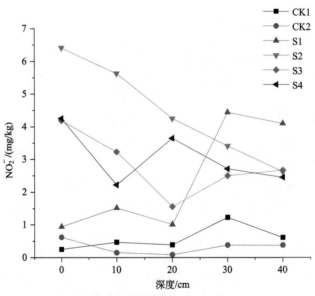

图 2.8　堆放场地 NO$_2^-$ 含量纵向分布

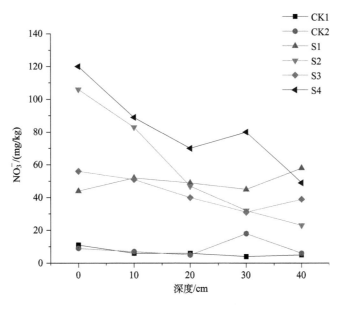

图 2.9　堆放场地 NO_3^- 含量纵向分布

对比可以看出，污染土壤样本 S1～S4 的 NO_2^- 和 NO_3^- 含量远高于对照样本 CK1 和 CK2，其中 S4 点的 NO_3^- 平均浓度达到了 CK1 和 CK2 平均值的 9.71 倍。垃圾堆放场地土壤中无机氮随深度大致呈下降的趋势，可能与土壤反硝化微生物活性有关。但是也有部分例外，可能与采样点曾经的垃圾堆积状况、植被种类有关。

4. 有机氮

垃圾堆放场地各取样点有机氮的测定结果如图 2.10 所示。土壤有机氮的矿化过

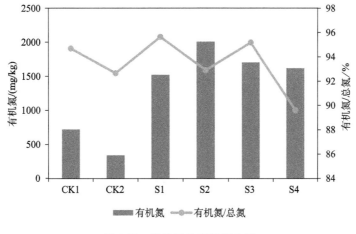

图 2.10　堆放场地有机氮含量

程表征着土壤供氮潜力，土壤氮素 80%以上以有机态存在。土壤氮素主要以有机氮形式存在，而且大部分有机态氮只有通过矿化作用才能被植物吸收利用（李紫燕等，2008）。可以看出垃圾堆放场地有机氮含量明显高于对照点。

5. 重金属

参考《土壤环境质量标准（GB 15618—1995）》，对样品中 As、Cd、Cr、Pb、Cu、Zn、Ag、Hg 8 种重金属元素进行含量分析测定，结果见表 2.3，其中 Hg、Ag 未检出。

表 2.3　污染场地表层土重金属含量　　（单位：mg/kg）

样品	As	Cr	Cd	Pb	Cu	Zn	Ag	Hg
CK1	10.68	42.1	0.25	17.7	16.8	55	—	—
CK2	7.97	38.1	0.12	16.1	15.3	56.9	—	—
S1	11.92	44.4	0.46	72.9	70.6	98.6	—	—
S2	9.74	44.6	0.31	38.2	56.9	79.2	—	—
S3	7.02	37.9	0.25	63.2	80.5	79	—	—
S4	7.79	41.8	0.22	36	95.1	63.6	—	—
土壤质量二级标准	30	200	0.3	200	300	250	—	—
展览 A 级用地标准	20	190	1	63	140	200	—	—

S1～S4 点 As、Cr 浓度与 CK1、CK2 差别不大，Cd、Pb、Cu、Zn 含量均显著高于对照点 CK1、CK2，超出倍数分别为 2.8、3.6、5.2、0.7 倍，重金属主要来源于生活、农业垃圾中的含重金属废弃物，如铅蓄电池、废弃器皿、白炽灯泡、农药等，但上述重金属含量均未超出土壤质量二级标准和展览 A 级用地标准。

样本 CK1、CK2 的重金属含量纵向分布情况如图 2.11 和图 2.12 所示。整体而言，重金属含量随深度没有出现明显的变化。两个点的 Zn 和 Cr 浓度都较高。对于点 CK1，Zn 元素含量随土壤深度增加下降幅度较大，与土壤耕作层的聚集性有关。

样本 S1 采自一块年代已久的垃圾堆放地，表面已无明显垃圾堆放。所测定的样本 S1 重金属含量随深度变化情况如图 2.13 所示。

S1 采样点 As、Cr、Cd、Pb、Cu、Zn 六种重金属的实测值分别是对照点的 1.30 倍、0.99 倍、5.57 倍、5.15 倍、4.59 倍、2.29 倍，As、Cd、Pb、Cu、Zn 五种重金属的含量均明显高于对照点。采样深度 30 cm 处，Pb、Cu、Zn 的含量出现了明显上升，可能与该深度当时的垃圾堆放情况有关。As、Cd、Pb、Zn 四种元素的含量是 S1、S2、S3、S4 四个样本中最高的，整体污染较重。

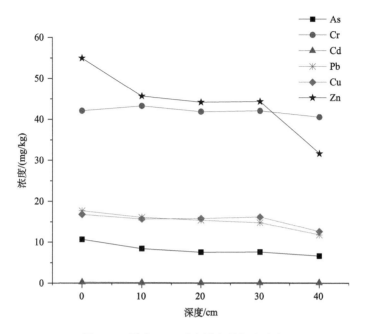

图 2.11　样本 CK1 重金属含量纵向分布

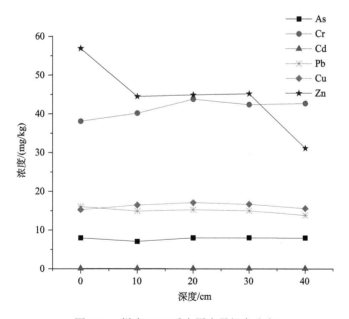

图 2.12　样本 CK2 重金属含量纵向分布

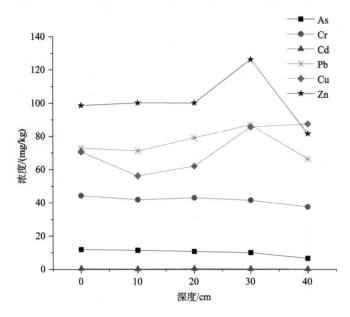

图 2.13　样本 S1 重金属含量纵向分布

　　样本 S2 采自河边岸坡，表面有比较湿的煤渣、建筑等垃圾。所测定的样本 S2 重金属含量随深度变化情况如图 2.14 所示。

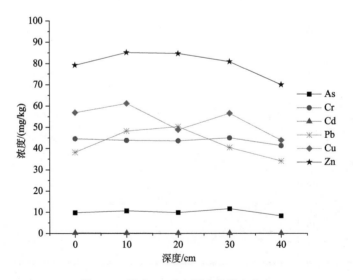

图 2.14　样本 S2 重金属含量纵向分布

　　土壤中的重金属含量随深度增加而下降。在深度 30 cm 处，As、Cr、Cu 的含量上升，其他金属的下降趋势也存在变缓的现象，可能与这一深度曾经的垃圾堆积情况有关。Cd、Pb 和 Cu 几种重金属污染比较严重，分别是对照点的 3.36 倍、2.89 倍、3.39 倍。该样本中的 Cr 元素含量是 S1～S4 四个样本中最高的。

　　样本 S3 采自路边新的垃圾堆放场地，表面有煤渣、建筑垃圾等。经测定所得的样本 S3 重金属含量随深度变化情况如图 2.15 所示。

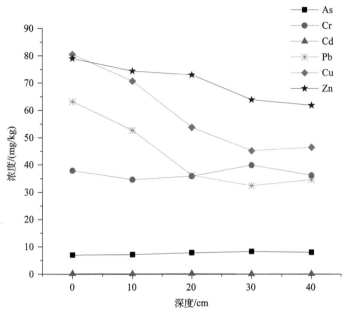

图 2.15　样本 S3 重金属含量纵向分布

　　样本 S3 重金属 As、Cr、Cd、Pb、Cu、Zn 含量平均值分别为 7.68 mg/kg、36.90 mg/kg、0.19 mg/kg、43.82 mg/kg、59.32 mg/kg、70.42 mg/kg。大部分重金属含量随深度增加而下降。而 As 和 Cd 元素随着深度增加没有明显的变化，As、Cr 元素低于对照点，Cd、Pb、Cu、Zn 的实测值分别是对照点的 2.56 倍、2.98 倍、3.75 倍和 1.59 倍。

　　采样点 S4 处重金属含量随深度变化情况如图 2.16 所示。

　　重金属含量随着深度增加而下降。其中，Cu 元素下降的幅度比较明显，与土壤耕作层的聚集性有关。As、Cr、Cd、Pb、Cu、Zn 六种元素分别是对照点的 1.00、0.99、2.88、2.83、5.01、1.44 倍。Cu 的污染最严重，是 S1～S4 四个样本中含量最大的。

　　采用地累积指数法和潜在生态风险指数法对该村镇生活垃圾堆放场地重金属进行综合评价，结果表明该村镇生活垃圾堆放场地重金属污染处于中等水平，Cd 的污染最重，Pb、Cu 污染比较严重，As、Zn 污染较轻，Cr 基本没有污染。垃圾堆放场地重金属主要来源可能是金属类垃圾、电子垃圾、建筑垃圾等。

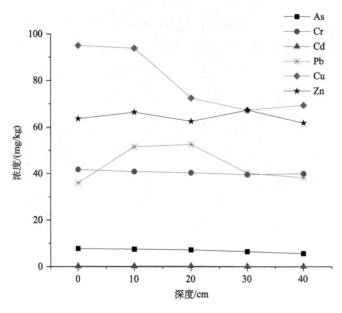

图 2.16　样品 S4 重金属含量纵向分布

6. 多环芳烃（PAHs）

垃圾堆场各种多环芳烃的浓度如图 2.17 所示。

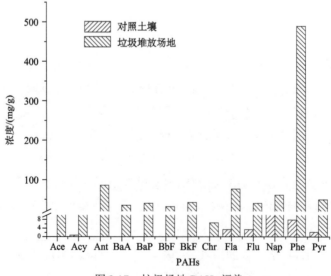

图 2.17　垃圾场地 PAHs 污染

垃圾堆场污染土壤 16 种 PAHs 总量为 981.85 ng/g，约为对照土壤 PAHs 总量 36.93 ng/g 的 26 倍。各 PAHs 单体中，除二苯并（a, h）蒽（InP）、苯并（g, h, i）芘（BgP）、

茚并（1,2,3-cd）芘（DbA）未检出外，垃圾堆放场地的其他各种多环芳烃含量大多高于对照土 CK 样品。污染样品与对照样品含量比值 S/CK 在 0.83～9.82 之间，PAHs各不同单体的污染程度不同，最低为苊（0.83），最高为蒽（9.82）。采用荷兰MALISZEWSKA 等（2008）建议的土壤中 PAHs 污染程度分类方法进行评价，垃圾堆放场地 PAHs 属于中度污染。

7. 相关性分析

借助 SPSS 软件对垃圾堆场有关无机、有机污染指标进行 Pearson 相关性分析，其污染指标相关矩阵如表 2.4 所示。

表 2.4 的相关矩阵表明，pH 与各污染指标的相关性不大，TOC 与总氮、有机氮呈极显著相关（$p<0.01$），说明大量的有机氮类下渗进入土壤环境，是导致 TOC 含量上升的部分原因；白军红等（2002）研究发现湿地总氮含量与有机质变化趋势一致，垃圾堆场与湿地的结论基本一致。一般有机质含量愈高，对磷的吸附能力愈强，故 TOC 与总磷（TP）的相关性较高。土壤中氮的存在形式以有机氮为主（>90%），无机氮以 NO_3^--N 为主，故无机氮和 NO_3^--N 含量保持高度相关性。自然状态下，土壤有机质是控制重金属分布的关键因素，对重金属等阳离子具有显著的吸收交换和选择吸附能力。重金属中的 Zn、Pb、Cd 含量与 TOC 相关性较高，此 3 种重金属元素存在形态多与有机物结合为主有关。TOC 结合的重金属也能够随着 TOC 迁移分配，从而对垃圾堆放场地土壤造成一定的重金属污染。由此说明控制有机污染能够同时控制氮和重金属污染。另外，Pb、Zn 和 Cd 两两具有显著相关性，可以判断 Cd、Pb、Zn 来自同一个污染源，这也与不同重金属的性质和配合特点密切相关。

2.1.2　张翠台村垃圾堆场污染特征

进行垃圾堆放场地调查的另一村庄为张翠台村，位于北涧头村东北约 4 km 处，距涞水县城约 5.4 km。村子约呈正方形，长、宽各约 1.5 km，人口约 3000 人。

2015 年 3 月在张翠台村村中间的垃圾堆放场地（垃圾堆放场地二）采集垃圾土样，共设四个采样点，垃圾堆积土壤样（S1），堆积多年土壤样（颜色较深，S2，S3），同时采集树林里相对干净土壤做对照点（CK），具体采样点的分布情况如图 2.18 所示。垃圾场地土样的基本理化性质见表 2.5。TOC、TN、TP 污染状况如图 2.19 所示。

由图 2.19 可见，S1、S2、S3 采样点 TOC 为 34.22～45.56 g/kg，TN 为 2.87～3.59 g/kg，TP 为 688.38～1297.35 g/kg，而对照点 CK 的 TOC、TN 和 TP 分别为 5.25、0.84、450.18 g/kg，低于其他采样点浓度。S2 采样点 TOC、TN 含量最高，分别为

表 2.4 垃圾堆场污染指标相关矩阵

	pH	TOC	TN	TP	NH$_4$-N	NO$_2$-N	NO$_3$-N	无机氮	有机氮	As	Cr	Cd	Pb	Cu	Zn
pH	1														
TOC	-0.198	1													
TN	-0.234	0.900**	1												
TP	-0.168	0.946**	0.951**	1											
NH$_4$-N	-0.259	0.109	0.313	0.246	1										
NO$_2$-N	-0.093	0.740**	0.771**	0.783**	0.451*	1									
NO$_3$-N	-0.256	0.563**	0.764**	0.684**	0.648**	0.731**	1								
无机氮	-0.268	0.517**	0.725**	0.646**	0.760**	0.737**	0.987**	1							
有机氮	-0.226	0.908**	0.999**	0.953**	0.275	0.757**	0.732**	0.690**	1						
As	-0.144	0.490**	0.462**	0.527**	0.143	0.088	0.201	0.199	0.471**	1					
Cr	-0.005	0.03	0.109	0.177	0.191	-0.038	0.114	0.132	0.105	0.593**	1				
Cd	-0.315	0.863**	0.842**	0.830**	0.197	0.467**	0.518**	0.486**	0.849**	0.661**	0.181	1			
Pb	-0.336	0.874**	0.816**	0.841**	0.042	0.510**	0.450*	0.400*	0.829**	0.511**	0.06	0.848**	1		
Cu	-0.381*	0.787**	0.797**	0.786**	0.228	0.640**	0.637**	0.598**	0.794**	0.28	-0.073	0.668**	0.844**	1	
Zn	-0.267	0.900**	0.858**	0.905**	0.083	0.568**	0.458**	0.418**	0.872**	0.628**	0.214	0.897**	0.942**	0.730**	1

*显著性水平: $p<0.05$; **显著性水平: $p<0.01$。样本数: N=31。

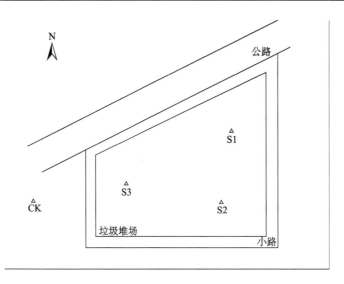

图 2.18　垃圾堆放场地二采样点分布

表 2.5　场地土壤基本理化性质

参数	数值
黏粒<0.002mm/（%,*w/w*）	0.00
粉砂 0.002～0.02mm/（%,*w/w*）	7.89
砂粒 0.02～2.0mm/（%,*w/w*）	92.11
pH 值（1∶5）	8.23～8.77
TOC 含量/（g/kg）	6.98
TN 含量/（mg/kg）	360.00
TP 含量/（mg/kg）	461.70

45.56、3.59 g/kg，是对照组的 8.67 倍和 4.27 倍。S3 采样点 TP 浓度最高，为 1297.35 mg/kg，是对照组的 2.88 倍。生活垃圾长期堆放，随着降水及地表径流的作用，垃圾中的有机污染物、N、P 等使土壤中 TOC、TN、TP 浓度升高。

垃圾堆场二不同采样点无机氮的含量如图 2.20 所示。

由图 2.20 可见，堆放场地土壤中无机氮含量远高于对照点，最大值为 90.8 mg/kg，是对照组的 14.35 倍；最小值为 14.0 mg/kg，是对照组的 2.22 倍；平均值为 49.1 mg/kg，是对照组的 7.75 倍。S2 和 S3 采样点铵氮和硝态氮明显高于其他点，这两个采样点垃圾堆放时间较长，使垃圾渗滤液中铵氮渗入土壤中，造成土壤铵氮浓度较高，堆积过程中，在微生物作用下发生硝化作用，部分铵氮转化为硝态氮。

对土样中 Cd、Pb、Cu、Zn 等重金属元素进行含量分析测定，结果见表 2.6。

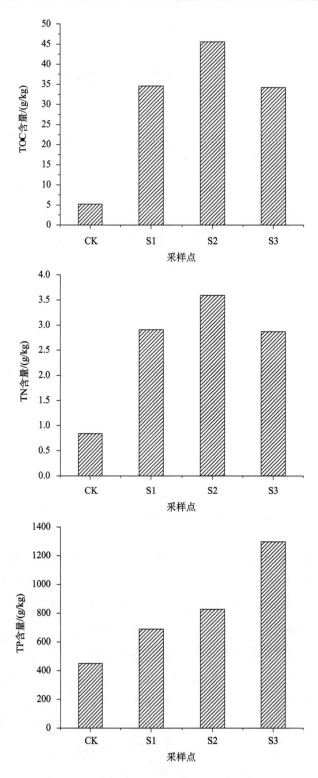

图 2.19　垃圾堆场二 TOC、TN、TP 污染状况

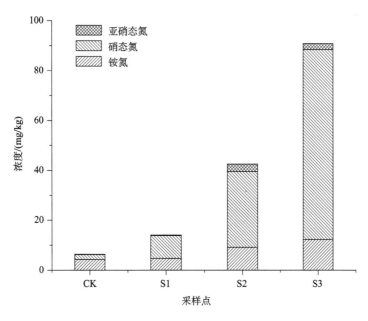

图 2.20　垃圾堆场二无机氮含量

表 2.6　垃圾堆场二中重金属含量　　　　　（单位：mg/kg）

	Cd	Cu	Pb	Zn
CK	0.19	18.65	19.06	51.96
S1	0.95	160.01	257.97	126.15
S2	1.66	216.34	440.69	141.91
S3	10.18	1449.95	1675.70	331.36
土壤质量二级标准	0.3	200	300	250
展览 A 级用地标准	1	63	140	200
河北省土壤背景值	0.094	21.8	21.5	78.4

由表 2.6 可见，垃圾堆放地土壤重金属含量均高于对照土壤。与其他采样点相比，S3 采样点 Cd、Cu、Pb、Zn 浓度最高，该采样点颜色也更深，可能是由于该采样点垃圾堆放时间更长，导致垃圾中的重金属迁移到底部，附近垃圾堆积地土壤同样是由于长年累月的堆积和重金属的迁移，致使重金属含量较高。说明垃圾堆积时间越久，重金属污染越严重。

垃圾堆放地土壤中 Cd、Cu、Pb 都超过了土壤二级标准和展览 A 级用地标准，几种元素都超过了河北省土壤背景值。

采用地累积指数法，如式（2.1），对垃圾堆放场地二的重金属污染状况进行评价。

$$I_{geo} = \log_2 \left(\frac{C_n}{kB_n} \right)$$

（2.1）

式中，I_{geo} 为地累积指数；C_n 指土壤中元素 n 的实测浓度；k 为调整系数，一般取 1.5（张雷等，2011）。地累积指数污染分级见表 2.7。

表 2.7　地累积指数 I_{geo} 污染分级

污染分级	$I_{geo}0 < 0$	$0 \leq I_{geo} < 1$	$1 \leq I_{geo} < 2$	$2 \leq I_{geo} < 3$	$3 \leq I_{geo} < 4$	$4 \leq I_{geo} < 5$	$I_{geo} \geq 5$
污染级别	0	1	2	3	4	5	6
污染程度	无	无-中	中	中-重	重	重-极重	极重

垃圾堆放场地二不同土样重金属地累积指数见表 2.8，不同土样重金属污染评价结果见表 2.9。

表 2.8　垃圾堆放场地二中重金属地累积指数

地累积指数	Cd	Cu	Pb	Zn	P
S1 垃圾堆放土壤	1.732	2.516	3.174	0.695	0.098
S2 垃圾堆积多年土壤	2.536	2.951	3.946	0.865	0.299
S3 垃圾堆积多年土壤	5.152	5.696	5.873	2.088	0.877

表 2.9　垃圾堆放场地二中重金属污染评价

地累积指数	Cd	Cu	Pb	Zn
S1 垃圾堆放土壤	中度	中-重	重	无-中
S2 垃圾堆积多年土壤	中-重	中-重	重	无-中
S3 垃圾堆积多年土壤	极重	极重	极重	中-重

由表 2.9 可见，垃圾堆积多年土样 S3 重金属污染极重，垃圾堆积多年土样 S2 中 Cd、Cu、Pb 也达到了中-重度污染水平。总体来说，垃圾堆放场地二的重金属（Cd、Cu、Pb、Zn）污染较为严重，应该进行后续处理，防止对地下水及人体健康造成危害。

调研中发现，当地村民通过打压水井获得平时的生活用水，为了考察垃圾堆放地重金属是否对浅层地下水造成了危害，分别采取了张翠台村和北涧头村垃圾堆场附近村民家的饮用水样，测定水样中的重金属含量，将结果与《地下水环境质量标准（GB/T14848—93）》和《生活饮用水卫生标准（GB 5749—2006）》对比，结果见

表 2.10。由表 2.10 可见水样达到国家地下水环境质量二级标准，浅层地下水未受到污染。

表 2.10 垃圾堆放场地周边地下水样重金属含量 （单位：mg/kg）

水样	Cd	Cr	Cu	Pb	Zn
张翠台村饮用水	0.00009	0.00227	0.00368	0.00369	0.13056
北涧头村饮用水	0.00001	0.00745	0.00130	0.00037	0.01609
GB/T14848—93					
Ⅰ类	≤0.0001	≤0.005	≤0.01	≤0.005	≤0.05
Ⅱ类	≤0.001	≤0.01	≤0.05	≤0.01	≤0.5
Ⅲ类	≤0.01	≤0.05	≤1.0	≤0.05	≤1.0
Ⅳ类	≤0.01	≤0.1	≤1.5	≤0.1	≤5.0
Ⅴ类	>0.01	>0.1	>1.5	>0.1	>5.0
GB 5749—2006	0.005	0.05	1	0.01	1

对垃圾堆放场地二土壤中 PAHs 浓度进行测定，结果见表 2.11。

表 2.11 垃圾堆放场地二不同采样点土样中 PAHs 浓度 （单位：μg/kg）

污染物	CK	S1	S2	S3
萘	19.56	20.32	45.97	70.36
苊烯	0.71	3.34	11.57	9.30
芴	3.33	4.11	18.92	25.15
菲	7.85	29.86	138.43	90.68
蒽	0.00	3.89	17.65	10.59
荧蒽	3.33	27.60	118.49	58.67
芘	2.15	16.84	76.96	36.32
苯并（a）蒽	ND	6.86	36.32	19.69
屈	ND	13.72	84.07	26.80
苯并（b）蒽	ND	18.45	89.03	34.29
苯并（k）蒽	ND	6.99	63.25	15.75
苯并（a）芘	ND	20.32	168.91	24.26
茚并（1,2,3-cd）芘	ND	7.30	45.85	13.59
二苯并（a,h）蒽	ND	ND	40.13	0.00
苯并（g,h,i）芘	ND	10.86	94.36	16.38
总 PAHs 浓度	36.92	190.45	1049.92	451.82

由表 2.11 可见，垃圾堆放土壤各种 PAHs 浓度及 PAHs 总浓度明显高于对照土，堆积多年土壤中 PAHs 总浓度高达 1049.92 μg/kg，是对照土样的 28.4 倍。其中苯并芘（16.1%）、菲（13.2%）、荧蒽（11.3%）占的比重较大。

PAHs 污染状况采用荷兰 MALISZEWSKA 等（2008）建议的土壤中 PAHs 污染程度分类方法进行评价。MALISZEWSKA 根据欧洲农业土壤 PAHs 含量与分布，建议的土壤中 PAHs 污染程度分类标准如表 2.12 所示，评价结果见表 2.13。

表 2.12　荷兰 MAL ISZEWSKA 建议的土壤中 PAHs 污染程度的分类

PAHs 污染等级	PAHs 浓度/（μg/kg）
无污染	<200
轻度污染	200～600
中度污染	600～1000
重度污染	>1000

表 2.13　PAHs 污染状况评价

样品	总浓度/（μg/kg）	污染程度
CK	36.92	无污染
S1	190.45	无污染
S2	1049.92	重度污染
S3	451.82	轻度污染

由表 2.13 可见，垃圾堆场土壤 PAHs 呈中度至重度污染，说明堆放垃圾对土壤 PAHs 造成一定污染，需要进行修复减轻其环境风险。

2.2　村镇生活垃圾堆放场地的植物修复技术方案

综上，所调查的典型垃圾堆放场土壤污染情况较为复杂，TN、TP 超标，重金属及有机物复合污染严重。

植物修复技术不仅可以有效修复有机-重金属复合污染土壤，还对 N、P 等营养元素有较好的处理效果，能够改善垃圾堆放场周边生态环境和美化景观，恢复土地生态功能作用，是一种有效的低碳生态修复技术（USEPA，2009）。适用于基础设施落后、垃圾产生源分散、收运成本高、技术体系缺失、资金匮乏的我国广大农村垃圾堆放场。

本研究选取张翠台村垃圾堆放场开展植物生态修复工程示范，为全国农村普遍存在的无管理垃圾废弃场地治理提供技术支撑，也为垃圾集中清运后遗留的原垃圾堆放场地的恢复提供技术参考。

　　废弃场地植物修复技术的关键是植物配置方案，依据堆放场地当地的气候条件、地形条件、土壤质地和污染特征，从污染源控制（包括减少地表径流，降低土壤侵蚀，阻截污染扩散和减少降水下渗阻滞污染下移风险）到污染源削减（由植物提取、植物降解作用等从土壤中吸收或转移污染物），并结合废弃场地周边小尺度生态安全评估确定植物配置中乔灌草的基本配比和选定植物，构建乔木、灌木、草本联合配置多重植物栅实现垃圾堆放场生态重建，如图 2.21 所示。

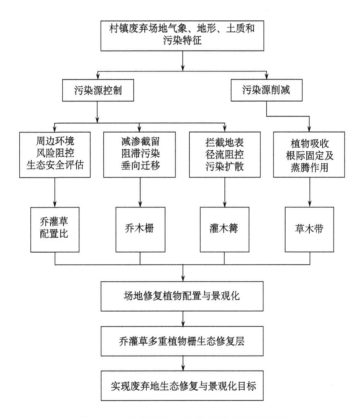

图 2.21　废弃场地生态修复植物配置方法

　　优先考虑乡土植物，再次考虑具有改善土壤能力的固氮植物，然后考虑耐毒、耐重金属等耐性较强、生长速度较快的植物，逐步改善污染场地生态环境。根据示范场地污染特征，选取几种修复植物，其修复特点见表 2.14。

表 2.14　生态修复植物特性

植物	特点
黑麦草	黑麦草可以促进土壤中菲的降解；对 Cd、Pb 等重金属富集吸收。黑麦草种植 45 天后，土壤中菲和芘的去除率均超过了 40%；种植黑麦草 6 天后，Pb 去除率为 60.1%
紫花苜蓿	对 Zn 和 Pb 也有较高的地上积累；田间原位紫花苜蓿修复 PCBs 污染试验，平均去除率达 86.9% 以上；修复有机-重金属复合污染土壤
香根草	生长繁殖快、分布广、根系发达，对污染场地中过量的重金属，N、P 等营养元素有良好处理效果，集原料、饲料、燃料于一体的经济作物
紫穗槐	对 Pb 污染有较好的修复效果
白杨	对 Cu 有较高的富集和转移系数，且生物量丰富，适宜推广；杨树能够吸收 N、P、重金属等污染物；具有水力控制作用，可垂向减渗阻滞污染下移
大叶黄杨	大叶黄杨对 Cu 有较高的富集能力，在 Cu 2000 mg/kg 浓度处理时黄杨根部的 Cu 含量高达 2063.32mg/kg。由于其根部对 Cu 的大量吸收，在 Cu 污染高的区域其生长受抑制，可以作为高 Cu 污染的指示植物。大叶黄杨对铅胁迫有一定的耐受性。且大叶黄杨具有减少地表径流阻截污染扩散和景观作用
景天	景天被认为是一种 Cd、Zn 超积累植物，也可有效降解 PCBs。栽种景天 90 天后对 Cd、Cu、PCBs 去除率分别高达 28.4%、67.2 和 76.8%；种植东南景天的土壤苯并 a 芘的平均去除率达到 58.2%
高羊茅	试验表明直接种植高羊茅草坪，石油污染物去除率可以达到 51%~62%；而通过散播高羊茅草种，培养新嫩草坪的条件下，去除率为 48%~54%
美人蕉	去除率：COD_{cr}（44.5%）；BOD_5（80.0%）；TN（50.0%）；TP（69.3%）；Sp（88.1%）；NH_4^+-N（56.7%），兼顾修复和景观于一体的植物类型

　　在垃圾废弃地中，经降雨、地表径流、挥发-沉降等过程的联合作用垃圾渗滤液进入土壤，使土壤中氮、重金属和有机物都有一定程度的升高。场地中同时配置控源与削减源功能性植物（杨树、柳树、景天、紫花苜蓿、美人蕉、黑麦草）及控源与景观化植物（大叶黄杨、红叶李、金叶榆），可将土壤中部分污染物转移至植物体内，并且可以截留地表径流，涵养水源，修复富营养化元素 N、P。

　　景天、紫花苜蓿、美人蕉、黑麦草对重金属和有机物及氮、磷都具有吸附富集能力，对污染物随雨水迁移有一定的拦截作用。几种植物间作联合种植，可以实现对污染物的多级拦截修复。高羊茅、黑麦草、紫花苜蓿、油菜籽联合种植比单个植物种植对土壤中菲和芘的降解能力更高。有研究表明紫花苜蓿单作以及采用高羊茅、黑麦草、紫花苜蓿三个植物种间作都能较好地去除受污染土壤中的 PAHs，轮作时紫花苜蓿的效率更高。紫花苜蓿是一种豆类植物，其对 PAHs 的高降解效率源自紫花苜蓿与土壤中的根瘤菌形成固氮共生系统，促进植物生长，通过增加根际土壤中的氮供应加速微生物增殖，有利于植物修复。不同植物联合间作种植可以提高对污染物的降解，实现对多种污染物的拦截削减。

　　另外，考虑到植物空间配置优化，大叶黄杨、红叶李等灌木、乔木与草本修复植物搭配种植，穿插栽植金叶榆等增强景观效果，乔灌草联合配置形成层次错落感，构建乔灌草复合植物生物栅空间配置。

通过选取对这些污染物具有富集作用的植物，加之对景观植物进行合理配置，不仅可以有效修复有机-重金属污染土壤，对 N、P 等营养元素也有较好的处理效果，并能改善垃圾堆放场周边生态环境，恢复土地生态功能，是一种有效的低碳生态修复技术。

综上所述，针对我国陆域村镇废弃地污染特征，通过调研及种植试验，构建乔-灌-草联合配置的植物栅技术，评估不同的植物物种组合、不同修复植物间作对大规模修复的适宜性，建植绿色覆盖层，优选乡土乔木（白杨+金叶榆）、灌木（大叶黄杨）、超富集草本植物（景天、紫花苜蓿、美人蕉、黑麦草），按照光热条件和处理能力合理搭配，建构错落有致的人工植物群落，优化间作方案，阻滞垃圾渗滤液下渗，强化对垃圾堆放地污染物提取或降解。

2.3 典型村镇生活垃圾堆放场地的植物修复示范工程

2.3.1 修复植物的特性与筛选

通常超富集植物应具备以下几个特征：①富集系数大于 0.5，其中富集系数指植物中元素含量与对应土壤中元素含量的比值；②转移系数大于 0.5，其中转移系数指植物地上部分元素含量与地下部分元素含量的比值；③对污染物有较强的耐性；④生长快，适应性强，地上部生物量大；⑤不易进入食物链（韦朝阳和陈同斌，2001；戴媛等，2007）。

1. 修复植物

依据技术经济合理的原则，兼顾当地自然条件与垃圾堆场土质，优先选取适应性好，抗逆性强，生物量大且有一定富集效果的乡土植物，之后通过文献调研及盆栽实验筛选出对重金属和 PAHs 有修复效果的植物，自然乡土植物与人工移植的修复植物组成人工-自然联合植物覆盖层来修复垃圾堆放场地。在场地植物生长旺盛期，乡土植物葎草和狗尾草对 Cd、Cu、Pb、Zn 的富集系数和转移系数都大于 1，并且生物量大，长势较好，考虑可以保留，并且在自然生长的同时，在扇形区域外围一圈人工撒播种子。根据文献调研及盆栽实验筛选，选取黑麦草、紫花苜蓿、东南景天为修复植物。就近购买种子和幼苗，避免长途运输造成的损失，从而降低成本。

黑麦草多年生，具细弱根状茎，秆丛生，高 30～90 cm，须根发达，但入土不深，发达的须根系可以吸收更多的污染物，有研究表明种植黑麦草 45 天后土壤中菲和芘的去除率较高。

紫花苜蓿为豆科多年生草本植物，根粗壮，深入土层。紫花苜蓿对 Zn 和 Pb 有较高的地上积累作用，而且适用于修复重金属-有机物复合污染的土壤。能够形成良好的草场景观，因此本研究将其大面积种植于修复场地中央，作为主要修复植物。黑麦草和紫花苜蓿在以场地中心围成的扇形区域（半径为 5 m）以 1∶1 的比例混播，采用条播的方式间作（松土，翻耕，条播深度 3～5 cm，覆土，用脚踩实），可以充分发挥各个作物的优势，提高光能利用率，改善土壤，增加出苗率，减少水土流失等，从而提高植物生物量和修复效率。

景天为多年生草本植物，植株细弱，茎高 10～15 cm，倾斜，着地部分生有不定根。景天种植在场地四周（株距 5 cm，行距 10 cm），它不仅对重金属和有机物都具有耐性和超积累性，并且多年生，生物量大，适应性强，同时具有观赏性。

香根草为多年生粗壮草本植物，秆丛生。香根草在场地中散播，适应性强，生长快，根系较发达，有"世界上具有最长根系的草本植物""神奇牧草"之称。对污染场地中过量的重金属和氮、磷等营养元素有良好处理效果，是集原料、饲料、燃料于一体的经济作物。

乡土植物和修复植物合理搭配，增加物种多样性，比较稳定，充分考虑到了修复植物长势及修复效率，避免物种之间竞争水分阳光。乡土植物和人工移植的修复植物配比为 3∶7。示范场地选取的修复植物及特性见表 2.15。

表 2.15　示范场地生态修复体系植物特性

分类	植物	修复目标或用途
草本	紫花苜蓿	Zn、Pb、PAHs，景观
	黑麦草	Pb、Cd、菲、芘
	景天	Pb、Cd、PAHs，景观
	香根草	重金属、N、P
灌木	大叶黄杨	景观绿篱减渗
	红叶李	景观截留减渗
	金叶女贞	景观
	紫叶小檗	景观绿篱
乔木	速生杨	有机物，N、P，绿篱截留减渗
	金叶榆	保持水土，景观

2. 景观和截流减渗植物

植物配置应充分考虑到景观类型的多样化，要在满足修复功能的同时，使其与环境和谐，达到生态、景观、修复功能的全面协调，因此在场地丛植或点植杨树等乔木和大叶黄杨、红叶李、金叶女贞、金叶榆等灌木和小乔木，形成乔-灌-草联合配置的植物栅。一方面利用乔木、灌木发达的根系达到截流减渗的作用，另一方面具有较好的观赏性。

杨树种植在场地四周，株距 1 米。其根系庞大，能吸收重金属、氮、磷多种污染物，吸收土壤养分，可以有效减少水分下渗阻滞污染物向下迁移。在杨树株间栽种具有保水保土、改土作用和覆盖能力强的金叶榆和红叶李。金叶榆叶片金黄色，色泽艳丽，对寒冷、干旱气候具有极强的适应性，抗逆性强，种植土层厚度不少于 50 cm，水土保持能力强。红叶李为落叶小乔木，根系发达，分布较深，固土能力强。大叶黄杨为常绿灌木，对寒冷、干旱气候同样具有极强的适应性。乔木、灌木株间混交，在空隙处列植大叶黄杨，高低错落有致，颜色差异明显，作为景观绿篱使用，视觉效果简单清爽，而且根系发达，在场地边缘可以有效截流减渗，防止场地污染扩散。

金叶女贞根系发达，吸收力强，适应性强，对土壤要求不严格，它抗病力强，很少有病虫危害，作为花坛中心，叶色美丽，可修剪成圆形，与扇形的修复植物区域形成强烈的色彩对比，具有极佳的观赏效果。

2.3.2 修复植物的配置方案

根据垃圾堆放场地二的污染特征及周边环境状况，在充分考虑所筛选的植物，乔、灌、草不同功用的基础上（图 2.22），对垃圾堆放场地植物修复进行修复植物配置，具体植物配置要点如下：

（1）由于示范场地紧邻村内道路，为了防止场地被破坏，在场地靠道路一侧设置铁丝网围挡，围挡基础高度约为 40 cm，为水泥沙石墙，确保内部植物景观能够透出。

（2）场地内部以苜蓿和黑麦草等修复植物为主，东、南边缘分层种植景天等修复植物，同时起到景观效果。

（3）东侧边缘靠近场外垃圾堆体，间隔种植速生杨起到景观和边坡保持作用。

（4）西侧和南侧以及东侧内部，种植景天，间种紫叶小檗。

（5）北侧最外围间隔种植金叶榆，在种植间隔中设置大叶黄杨为绿篱，起到减少地表径流、阻隔污染扩散的作用，同时实现景观效果。

（6）西北角设置大门，以金叶榆点缀门边。

（7）场地内部设置圆形金叶女贞，形成颜色反差。

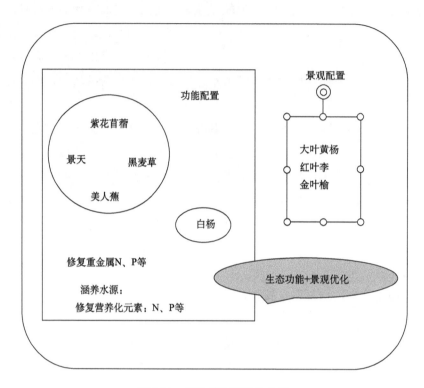

图 2.22　场地植物配置及功能

按上述配置要点所得植物修复平面布设方案及效果如图 2.23 所示。

乔-灌-草联合配置的植物栅，兼顾功能性、生态性和景观性，使场地植物覆盖率达 90% 以上。乔（杨树，金叶榆）-灌（大叶黄杨，红叶李，金叶女贞）-草（黑麦草，苜蓿，景天，葎草，狗尾草）配种比例为 2 : 4 : 5，覆盖率比例约为 1 : 4 : 15。乔、灌、草相结合，既可以依靠修复草本植物实现污染物的去除，还可以依靠灌木和乔木等景观植物根系固土的作用拦截渗滤，阻滞污染迁移，降低径流污染负荷。选定优势、普适植物种群与多种植物间作，有效改善对污染物的吸收、降解，恢复土地生态功能的同时美化景观、改善农村地区人居环境。

2.3.3　示范场地建设维护

垃圾堆放场地植物修复示范场地建设维护包括土地平整、场地围栏建设、植物种植及日常维护。

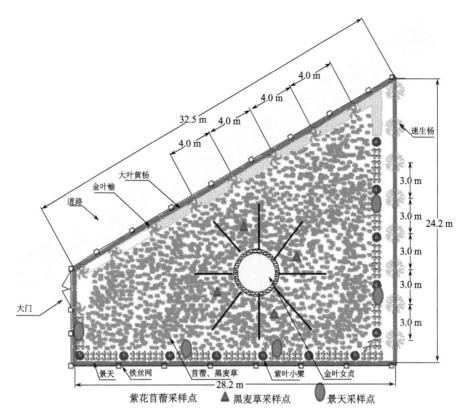

图 2.23 垃圾废弃地植物修复示范场地植物修复平面布设效果示意图

1. 土地平整

因示范场地原先堆放大量垃圾，清除场地内的建筑废渣、砖石，将场地推平后覆盖一定厚度的土，利于植物生长。土地平整前复测道路等周边现状，组织、联系施工队伍，按照堆放场地现场布置情况，确定土方调配方案，将表层凸起处土壤用推土机推运至低洼地填平，提前采集土壤样品供后续对比分析。示范场地平整情况如图 2.24 所示。

2. 防护围栏和大门建设

为了更好地对场地进行维护，防止路边行驶车辆碾压和人为破坏，在靠近路边的区域添加防护铁丝网，并设置场地大门，如图 2.25 所示。

图 2.24　垃圾废弃场地植物修复示范场地土地平整

图 2.25　防护铁丝网和大门构建

3. 植物种植

按照事先设计好的场地植物修复配置方案图纸进行种植。对图纸进行核对无误后，将各树种位置以及造型图案等给予标记落实，待花木运到现场后，进行挖坑栽植；施工场地测量、放线必须严格按照施工平面图进行定点测量。在场地中心种植金叶女贞幼苗，围绕中心种植修复植物黑麦草和紫花苜蓿，分区条播种子，场地北侧种植金叶榆树和大叶黄杨幼苗，东南、西侧移植景天幼苗，并穿插种植红叶李和杨树。示范场地植物种植的部分场景如图 2.26 所示。

图 2.26　垃圾废弃场地植物修复示范场地植物种植

4. 常规维护

常规维护包括灌溉、冬季覆膜、除草、修剪、补种及收割。定期灌溉浇水，保证植物的出苗率及成活率。冬季注意覆膜保护植物越冬，春、秋季补种维持修复植物的生物量和景观效果，夏季、秋季植物成熟时及时收割并分析其中的污染物。示范场地常规维护的部分场景如图 2.27 所示。

图 2.27　垃圾废弃场地植物修复示范场地日常维护

2.4　村镇生活垃圾堆放场地的植物修复效果研究

垃圾堆放场地二的植物修复于 2013 年 11 月开始种植植物，到 2016 年为止，共补种 6 次（2014 年 3 月 25 日补种黑麦草和紫花苜蓿，2014 年 6 月 19 日补种黑麦草，2014 年 7 月 17 日补种紫花苜蓿，2014 年 9 月 17 日补种黑麦草，2015 年 4 月 21 日补种紫花苜蓿、黑麦草和杨树，2015 年 9 月补种黑麦草和紫花苜蓿）。图 2.28 为不同时期示范场地植物生长情况，图 2.29 和图 2.30 分别为不同时期的示范场地景天和苜蓿生长情况。

2014 年 7 月、9 月、11 月，2015 年 3 月、4 月、6 月、7 月、9 月、11 月分别采集土样，测定土壤中重金属和 PAHs。将不同植物种植区域各个时期内、同一采样点的土样污染物浓度进行比较，研究不同植物的修复效率。结果表明，示范场地种植的景天和苜蓿对多环芳烃的修复效果较好，污染物浓度有明显下降。

(a) 2013年11月　　　　　　　　　　　(b) 2013年12月

(c) 2014年3月　　　　　　　　　　　(d) 2014年4月

(e) 2015年2月　　　　　　　　　　　(f) 2015年4月

(g) 2015年6月　　　　　　　　　　　(h) 2015年6月

图 2.28　不同时期的垃圾废弃场地植物修复示范场地植物生长情况

(a) 2013年11月　　　　　　　　　　　　(b) 2014年3月

(c) 2014年6月　　　　　　　　　　　　(d) 2014年9月

(e) 2015年4月　　　　　　　　　　　　(f) 2015年6月

图 2.29　不同时期内垃圾废弃地植物修复示范场地景天生长情况

(a) 2013年11月

(b) 2014年3月

(c) 2014年6月

(d) 2014年7月

(e) 2014年11月

(f) 2015年4月

(g) 2015年6月

(h) 2015年9月

(i) 2015年11月

图 2.30　不同时期内垃圾废弃地植物修复示范场地苜蓿生长情况

2.4.1 植物对垃圾废弃地重金属的修复

采集场地景天和苜蓿植物样品和种植处的土壤样品，测定其中重金属浓度。

1. 土壤中重金属浓度变化

景天种植区土壤中重金属浓度变化情况如图 2.31 所示。

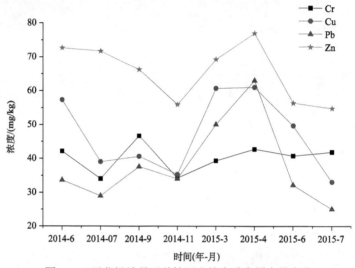

图 2.31　示范场地景天种植区土壤中重金属含量变化

由图 2.31 可以看出，景天种植区土壤中重金属浓度随着时间变化呈一定波动状态，在 2014 年 7 月和 2015 年 6 月浓度升高，考虑可能是这个时间段植物长势较好，且生物量大，没有及时收割，导致植物中的重金属返回至土壤中。

苜蓿种植区土壤中重金属浓度变化情况如图 2.32 所示。

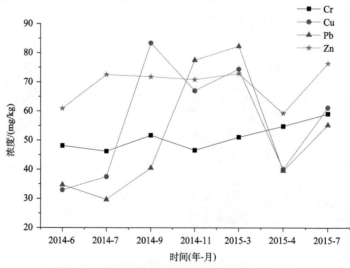

图 2.32　苜蓿种植区对应土壤中重金属含量变化

由图 2.32 可见，苜蓿种植区土壤中重金属浓度呈波动状态，与景天区域变化情况相似。总体来说，植物对重金属修复效果不明显。可能与垃圾堆放场地土壤重金属浓度不高有关，而文献中植物修复的土壤重金属含量相对本研究均比较高，所以推测在本研究现场修复条件下，场地种植的植物对低浓度重金属修复效果不明显。

2. 植物组织中重金属含量

为了筛选重金属富集植物，对示范场地内种植的植物及场地内常见的杂草收割后，测定了植物各部分组织中重金属含量，从而确定各植物对重金属的富集系数和转移系数。图 2.33 分别为景天、苜蓿、葎草、香根草、黑麦草和狗尾草根、茎、叶、花各组织中富集重金属比例，图 2.34 为各植物对重金属的富集系数，图 2.35 为各植物对重金属的转移系数。

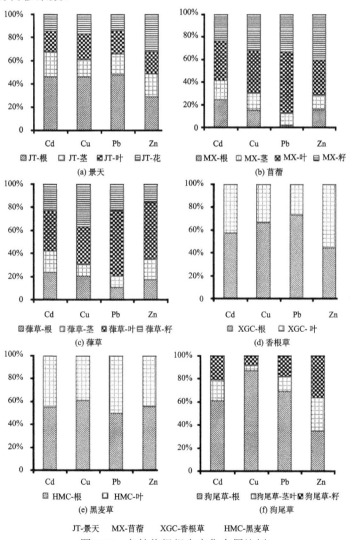

图 2.33　各植物组织中富集金属比例

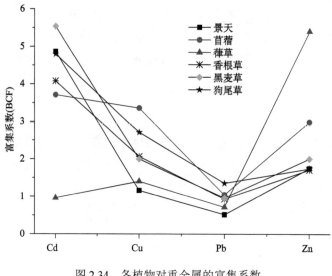

图 2.34　各植物对重金属的富集系数

由图 2.34 可见，景天、紫花苜蓿、香根草、黑麦草、狗尾草对 Cd、Cu、Pb、Zn 的富集系数都大于 1，尤其是对 Cd 富集效果更好，对 Pb 富集效果稍差。

由图 2.35 可以看出，景天、紫花苜蓿、葎草地上部分含量大于地下部分，对 Cd、Cu、Pb、Zn 的转移系数都大于 1，尤其是紫花苜蓿对 Pb 的转移系数高达 61.1，说明景天、紫花苜蓿、葎草对重金属的去除主要是通过植物提取，将土壤中重金属从植物地下部分转运到地上部分。这三种植物根系粗壮，深入土层，根茎发达且扎根较深，能将深层土壤中的重金属转运至地上部分，这与文献中的报道相一致。而

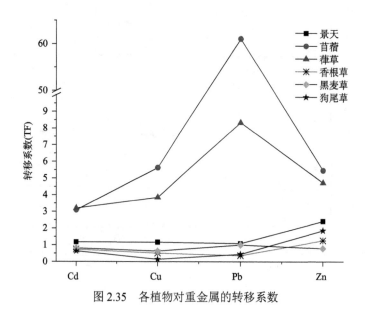

图 2.35　各植物对重金属的转移系数

香根草、黑麦草、狗尾草地上部分重金属含量小于地下部分（根），对应的转移系数小于 1，说明香根草、黑麦草、狗尾草主要是通过根际的作用去除土壤中的重金属。黑麦草、狗尾草的根均为须状，扎根都较浅，主要分布在表层土壤，依靠发达的须状根系富集表层土壤中的重金属。

2.4.2　植物对垃圾废弃地 PAHs 的修复

将不同植物种植区同一采样点的土样 PAHs 浓度进行比较。结果表明，景天和苜蓿对多环芳烃的修复效果较好，与 2013 年 11 月场地原始土壤对比，景天、苜蓿种植区 PAHs 浓度分别降低 83.5%和 81.3%。

1. 景天种植区土壤 PAHs 浓度变化

定期采集种植景天处的土壤样品，并测定土样中 16 种 PAHs 的含量，结果如图 2.36 所示。

从图 2.36 可以看出，景天种植区土壤中 PAHs 总浓度总体呈下降的趋势，经过一年多时间，由 1100.54 μg/kg（2013 年 11 月）降到 181.94 μg/kg（2015 年 4 月），最大降解率约 83.5%。16 种 PAHs 中，主要成分为萘（Nap）、芴（Flu）、菲（Phe）、荧蒽（Fla）。4 种主要 PAHs，萘、芴、菲、荧蒽随时间的变化情况如图 2.37 所示。

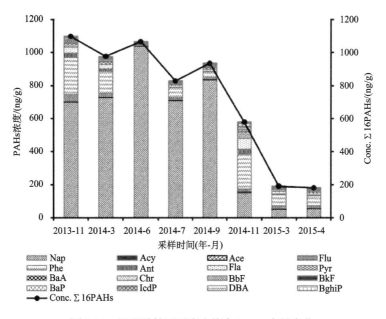

图 2.36　景天种植区对应土壤中 PAHs 含量变化

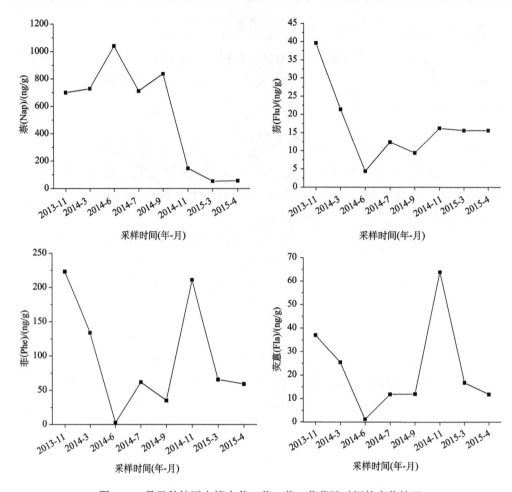

图 2.37　景天种植区土壤中萘、芴、菲、荧蒽随时间的变化情况

　　从图 2.37 中可以看出，芴、菲、荧蒽变化趋势相似，在 2014 年 6 月最低，2014 年 11 月急剧升高，后来下降。2014 年 6 月，植物生长旺盛，生物量较大，对土壤中 PAHs 处理效果较好，对应的土壤中 PAHs 含量达到最低。因此，适当对场地进行除草灌溉，保证修复植物正常生长，保证其达到大的生物量，可以有效地去除土壤中的 PAHs，此外还需在植物成熟之后及时收割进行后续处理。2014 年 11 月多环芳烃成分含量升高，这是因为冬季附近居民燃煤取暖，焚烧秸秆较多，这些热解源都会释放出部分 PAHs，经过扩散迁移大气沉降，对场地土壤造成一定的影响。而且冬季气温较低，一方面会抑制 PAHs 的挥发；另一方面促进它们沉降到土壤中（Oliveira et al., 2007; Tremolada et al., 2009）。总的来说，景天对土壤 PAHs 有较好地去除效果。

　　景天种植区土壤中不同环数 PAHs 所占比例及随时间变化规律如图 2.38、图 2.39 所示。

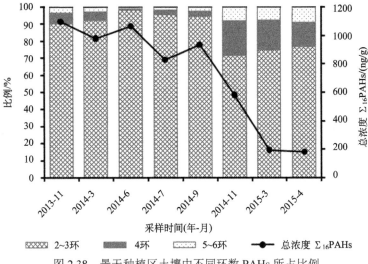

图 2.38　景天种植区土壤中不同环数 PAHs 所占比例

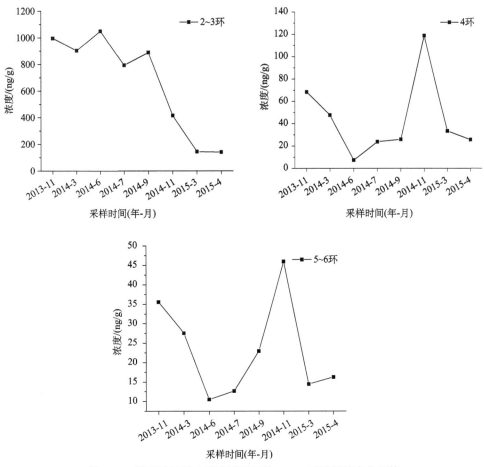

图 2.39　景天种植区土壤中不同环数 PAHs 随时间的变化规律

由图 2.38、图 2.39 可以看出，16 种 PAHs 中，主要为 2～3 环（占 42%～98.3%）和 4 环（0.7%～27.9%），低环 PAHs 占了大部分，其主要来源为热解源，周围住户燃煤，燃烧秸秆和焚烧垃圾都对场地 PAHs 有贡献。2～3 环变化趋势与总 PAHs 变化一致，因为低环 PAHs 更容易被降解，所以在采样期内 2～3 环 PAHs 浓度呈下降趋势。4 环及 5～6 环 PAHs 浓度在 2014 年 11 月升高，可能是冬季燃煤取暖、燃烧秸秆导致释放出高分子量的多环芳烃，因此适当的控制焚烧垃圾堆、燃烧秸秆等行为，可以减少高分子多环芳烃对人的危害。

2. 景天种植区景天植物体内 PAHs 含量变化

景天种植区景天植物体内及对应土壤中 PAHs 浓度随时间变化如图 2.40 所示。

由图 2.40 可以看出，景天植物体内 PAHs 浓度总体高于对应土壤中 PAHs 浓度，说明植物能够富集 PAHs，减少土壤中 PAHs 浓度。景天植物体内 PAHs 变化趋势与土壤中 PAHs 变化趋势相反。

3. 苜蓿种植区土壤 PAHs 浓度变化

采集苜蓿种植区土壤样品并测定其中 PAHs 含量，苜蓿种植区土壤 PAHs 的含量、组成及随时间变化情况如图 2.41 所示。

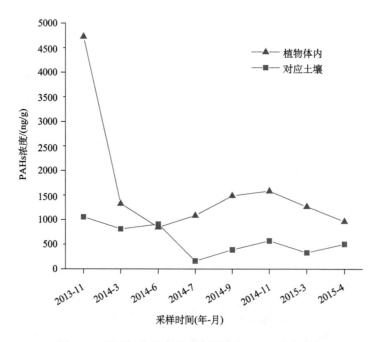

图 2.40　景天植物体内及对应土壤中 PAHs 浓度变化

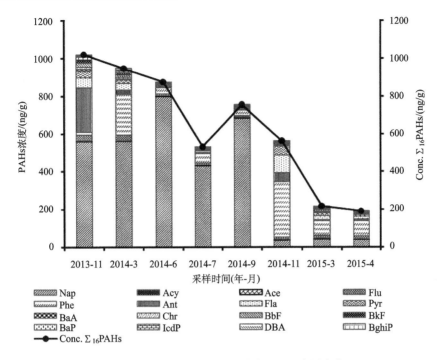

图 2.41　苜蓿种植区对应土壤中 PAHs 含量变化

由图 2.41 可以看出，苜蓿种植区土壤中 PAHs 总浓度总体呈下降的趋势，由种植前 PAHs 浓度约 1022.74 μg/kg（2013 年 11 月）降到 191.22 μg/kg（2015 年 4 月），最大降解率约 81.30%。PAHs 总浓度在 2014 年 9 月有所回升，应与没有及时将枯萎植物除去有关。根据植物修复机理可知，在修复过程中，植物将部分污染物固定在了根际，降低了污染物的迁移能力，但并没有对其进行吸收或降解，灌溉使得部分被固定的 PAHs 从植物根际脱落，重新进入土壤中，导致土壤多环芳烃浓度升高。因此，植物成熟时应及时将其收割并进行后续处理。16 种 PAHs 中，主要成分为萘（Nap）、菲（Phe）、芴（Flu）、蒽（Ant）、荧蒽（Fla）、芘（Pyr），其中萘、菲、蒽、荧蒽、浓度随时间的变化规律如图 2.42 所示。

苜蓿种植区土壤中菲（Phe）、荧蒽（Fla）浓度随时间变化趋势类似，在 2014 年 11 月有所升高。这应该与 2014 年 11 月冬季附近居民燃煤、烧秸秆较多从而释放出部分 PAHs 有关。

苜蓿种植区土壤中不同环数 PAHs 所占比例及随时间变化规律如图 2.43、图 2.44 所示。

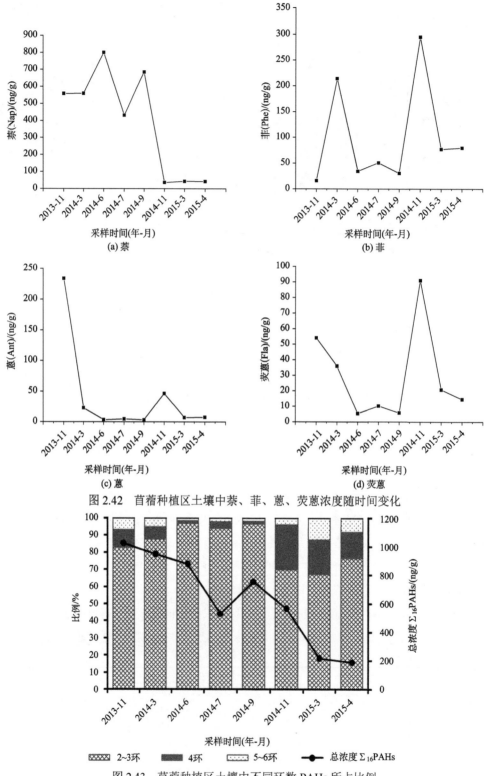

图 2.42　苜蓿种植区土壤中萘、菲、蒽、荧蒽浓度随时间变化

图 2.43　苜蓿种植区土壤中不同环数 PAHs 所占比例

由图 2.43 和 2.44 中可以看出,16 种 PAHs 中,主要为 2～3 环(占 67.2%～97.3%)和 4 环(1.6%～26.4%),土壤中 2～3 环 PAHs 浓度变化趋势与总 PAHs 变化一致,4 环、5～6 环 PAHs 浓度在 2014 年 11 月升高,应与冬季燃煤取暖、秋冬季燃烧秸秆导致释放出高分子量的多环芳烃有关。说明垃圾堆放场地 PAHs 主要来源为热解源,周围住户燃煤煤渣,燃烧秸秆和垃圾堆焚烧都对场地 PAHs 有贡献。

4. 苜蓿种植区苜蓿植物体内 PAHs 含量变化

苜蓿种植区苜蓿植物体内及对应土壤中 PAHs 浓度随时间变化如图 2.45 所示。

由图 2.45 可以看出,苜蓿体内 PAHs 浓度总体高于对应土壤中,说明苜蓿能够吸收部分 PAHs,苜蓿体内 PAHs 变化趋势与对应土壤中 PAHs 变化趋势相反。分别测定了不同时间苜蓿不同组织内的 PAHs 含量,结果显示苜蓿地上部分(茎叶籽)含量普遍高于地下部分(根),且苜蓿茎叶籽的生物量大于根的生物量,根粗壮,扎根较深,能将深处土壤中的 PAHs 转移到植物地上部分,表明苜蓿可以通过根部吸收 PAHs,将其运输到地上部分,从而降低土壤中 PAHs 的浓度。

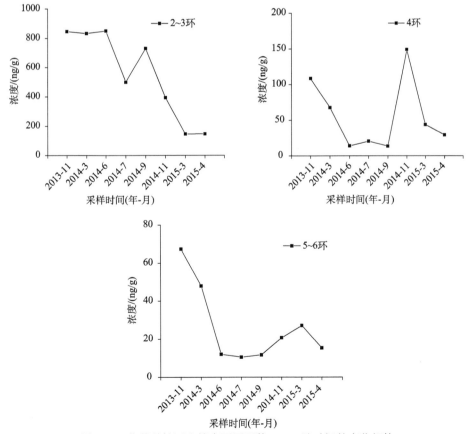

图 2.44　苜蓿种植区土壤中不同环数 PAHs 随时间的变化规律

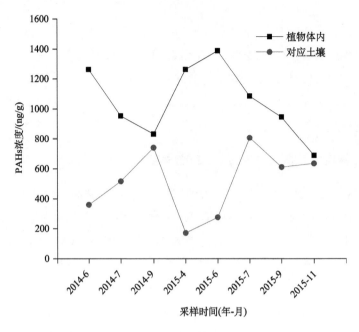

图 2.45　苜蓿植物体内及对应土壤中 PAHs 浓度变化

5. 景天种植区和苜蓿种植区土壤中 PAHs 浓度变化比较

景天种植区和苜蓿种植区土壤中 PAHs 浓度变化如图 2.46 所示。

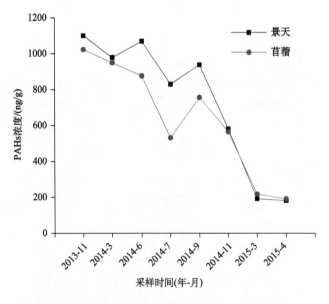

图 2.46　景天和苜蓿对应土壤中 PAHs 浓度变化

　　总体来说，景天种植区和苜蓿种植区域，土壤中 PAHs 浓度随着时间的推移，虽然有些波动，但是总体呈下降趋势，说明景天和苜蓿对场地 PAHs 有较好的修复效果。

　　在植物修复过程中，进行适当的农事管理（除草、灌溉、收割、补种），将垃圾堆放场地土壤中 PAHs 去除，减少对人类和地下水的影响，可以达到安全水平。

2.4.3　植物对垃圾废弃地氮的影响

　　垃圾渗滤液最明显的特点是氨氮含量高，垃圾堆放场地中，无机氮含量较高。景天种植区土壤中硝态氮、铵氮浓度变化如图 2.47 所示，无机氮含量变化如图 2.48 所示。

　　由图 2.47 和图 2.48 可以看出，景天对于铵氮、硝态氮和无机氮修复效果较好。历经 2 年修复，铵氮和硝态氮去除率分别为 80.0% 和 30.3%，无机氮的去除率为 67.1%。

　　苜蓿种植区土壤中铵氮、硝态氮浓度变化如图 2.49 所示，无机氮含量变化如图 2.50 所示。

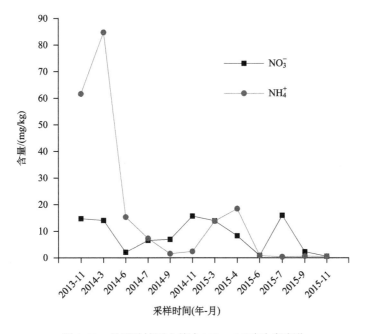

图 2.47　景天种植区土壤中 NO_3^-、NH_4^+ 浓度变化

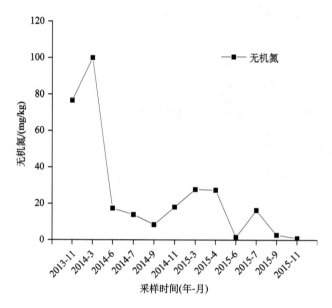

图 2.48　景天种植区土壤中无机氮浓度变化

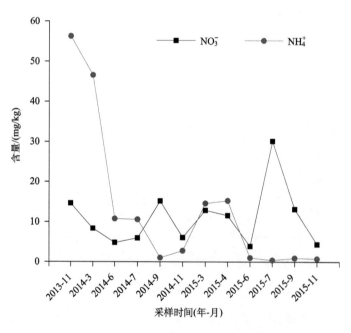

图 2.49　苜蓿种植区土壤中 NO_3^-、NH_4^+浓度变化

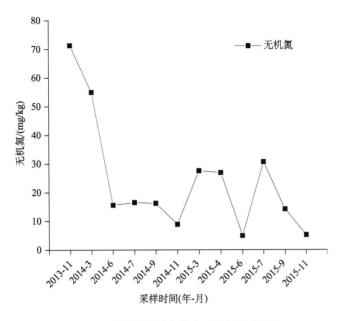

图 2.50　苜蓿种植区土壤中无机氮浓度变化

由图 2.49 和图 2.50 可以看出，历经两年修复，苜蓿种植区土壤中硝态氮浓度波动无明显变化，土壤中铵氮去除率为 74.2%，对无机氮的去除率为 40.5%。垃圾渗滤液中铵氮含量高，在土壤硝化细菌和亚硝化细菌作用下，发生硝化作用，转化为可以被植物吸收的氮，从而减少土壤中铵氮的含量。

垃圾废弃地植物修复示范场地历时两年的植物修复，乔灌草覆盖率达 90%～95%，景天对场地 PAHs 的去除率为 83.5%，对无机氮的去除率为 67.1%，铵氮和硝态氮去除率分别为 80.0% 和 30.3%，苜蓿对场地 PAHs 的去除率为 81.3%，对无机氮去除率为 40.5%，铵氮去除率为 74.2%。一些乡土植物同样生长旺盛，测试后发现葎草和狗尾草对 Cd、Cu、Pb、Zn 的富集系数和转移系数都大于 1，并且生物量大，长势较好。乡土植物和修复植物合理搭配，增加了植物物种的多样性和修复场地植物生态系统稳定性，提高植物修复效果。乡土植物和人工移植的修复植物配比为3∶7。乔木、灌木、草本植物在场地覆盖率为 95%，植物根系扎根于土壤中，使土壤具有较大的孔隙度，降水量的 70%～80% 被储存，减少地表径流量。被植物覆盖层滞留在场地内的雨水会通过下渗造成潜在的渗流污染。然而，植被覆盖层则通过根际固定、植物提取和蒸腾作用减少了垃圾地雨水淋溶条件下的垂向渗流，阻滞了污染物迁移。植物吸收土壤水分、通过蒸腾作用排泄从而减少降水在土壤中进一步下渗的过程称为减渗作用。乔木截流降水量的 20%～30%，灌木、草本植物覆盖面积较大，截流降水量 50%左右。通过实验检测评估，与无修复地对照，功能性植物与景观性植物联合配置形成的乔灌草联合配置植物栅，对垃圾废弃地径流水平迁移污染物削减率（以 CODcr 表征）为 43.7%，草本覆盖层对垃圾污染土壤垂向污染减渗率为 49.3%；不仅提高了废弃地植被覆盖度和群落稳定性，而且在修复污染物的同时达到了截流减渗、阻滞污染向下迁移的效果。

第3章　村镇小型工矿废弃地植物修复技术研究

3.1　村镇小型工矿废弃地的污染特征

3.1.1　主要污染物识别

北方村镇工矿废弃场地主要涉及小型冶金、电镀、制革等废弃场地，本章主要针对河北保定清苑县所辖乡镇某金属厂废弃场地开展调查与取样测试分析，识别该冶金废弃场地污染特征，并进行植物修复工程示范。该金属厂废弃场地方位图和采样点分布如图 3.1 和图 3.2 所示，厂区内有两块冶金废渣堆放废弃地，总面积约 800 m²，其中东边冶金地块（DY，冶铅废渣场地）是火法炼铅的废渣堆放场地，堆放时间长达十几年，南侧靠院墙地块（NC，湿法炼锌废渣场地）是湿法炼锌工艺的废渣堆放场地，堆放时间为七八年。另有办公室前地块（BAN），表层及浅层为客土，

图 3.1　保定清苑县所辖乡镇某冶金污染场地植物修复示范场地方位图

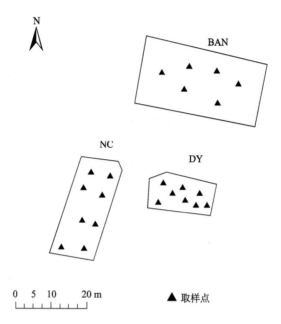

图 3.2 工矿废弃地植物修复示范场地采样点示意图

DY 为冶铅废渣场地；NC 为湿法炼锌废渣场地；BAN 为办公室前对照地块

基本未受到污染，作为对照地块。采用随机采样法，每个场地布点采样 6～8 个表层土壤样品，3 个不同深度（20～40 cm，40～60 cm，60～80 cm）的土壤样品。风干后捡除大石块、树枝等，用橡胶减震锤子捶碎大块土壤颗粒聚集块，取 100 g 左右样品用研钵磨碎后再过 150 μm 筛子后装进自封袋，用电感耦合等离子体光谱发射仪器（ICP）测试土壤样品中主要重金属元素总量。

为了识别主要污染物，根据污染物产生的工艺来源（铅锌冶炼废渣），对土壤样品进行可覆盖大多数重金属元素的全光谱扫描，扫描结果如图 3.3 所示，并且以《土壤环境质量标准》（GB 15618—1995）的三级标准（As≤40 mg/kg，Cd≤1.0 mg/kg，Pb≤500 mg/kg，Zn≤500 mg/kg）为对照标准。结果显示，虽然对照样地土壤的 Cd 含量偏高，但是 DY 地块和 NC 地块场地污染更为严重，主要污染元素是 Pb、Zn、As、Cd 四种重金属，DY 和 NC 表层平均土壤重金属浓度中 Pb、Zn 含量很高，NC 地块污染最重，Pb、Zn 分别超过土壤三级标准的 12 倍和 32 倍，DY 地块污染比 NC 稍轻，Pb、Zn 超过土壤三级标准的 6 倍和 32 倍。根据综合污染指数判断，DY 和 NC 两地块的 Pb、Zn、As、Cd 四种元素的综合污染指数均大于 5，属于非常严重的污染等级。对照地块 BAN 的 As 元素的污染指数略大于 1，属于轻度污染，可能与当地土壤背景值砷含量偏高有关；对照地块场地的 Pb、Zn、Cd 三种重金属元素的污染指数均小于 1，均属未受污染。

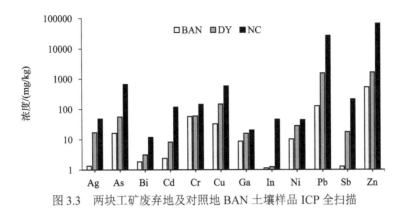

图 3.3　两块工矿废弃地及对照地 BAN 土壤样品 ICP 全扫描

3.1.2　重金属空间分布及来源

根据采样点所取土样测试得到的场地表层重金属浓度分布情况如图 3.4 所示。

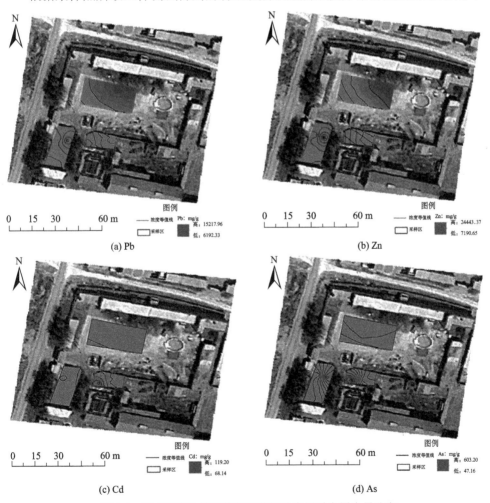

图 3.4　工矿废弃地植物修复示范场地表层重金属含量分布

图 3.4 中 BAN 地块的土壤，除了 As 背景值含量略高外，并没有其他重金属污染，可作为对照样地；DY 和 NC 主要污染物是 Pb、Zn、As、Cd（图 3.5）。

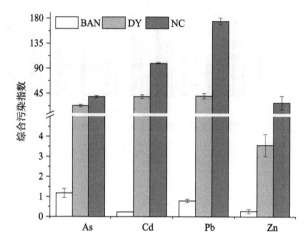

图 3.5　工矿废弃地植物修复示范场地表层土壤四种重金属元素的污染指数

现场的三个地块土质都属于砂壤土，黏性不高；其中 NC 的土壤酸性较大，pH 值最低达到 5.7；BAN 的土壤偏碱性，亦属正常范围，DY 的土壤为中性，具体数值见表 3.1。

表 3.1　工矿废弃地植物修复示范场地初始土壤理化性质

参数	BAN	DY	NC
砾石/（%，W/W）	32.28	15.41	25.69
沙土/（%，W/W）	56.89	65	60.51
黏土/（%，W/W）	10.83	19.59	13.81
土壤类型	砂壤土	砂壤土	砂壤土
pH 值	8.23～8.34	7.13～7.49	5.72～6.38

由于 DY 地块是铅冶炼高炉废渣堆放地，因此重金属多处于融熔态，腐蚀性和生态危险性较低，高浓度区域集中在场地废渣堆放入口。但是 NC 地块是湿法锌冶炼工艺中压滤机滤饼、高炉渣、锌灰废料压实堆放地，土壤贫瘠，土地密实，且有一定的腐蚀性，几乎没有杂草生长。从土壤的理化性质看，DY 地块和 NC 地块都缺氮素，需要在植物栽培时候注意补充氮肥。由于冶炼厂使用的原料主要是铅锌矿石，而且矿石一般是铅、锌、镉伴生的，因此土壤污染物中以上重金属含量都很高。为

了进一步调查污染场地重金属迁移状况，采集了示范场地现场不同深度土壤样品，分析测试样品重金属浓度。示范场地不同深度土壤重金属浓度分布情况如图 3.6 所示。

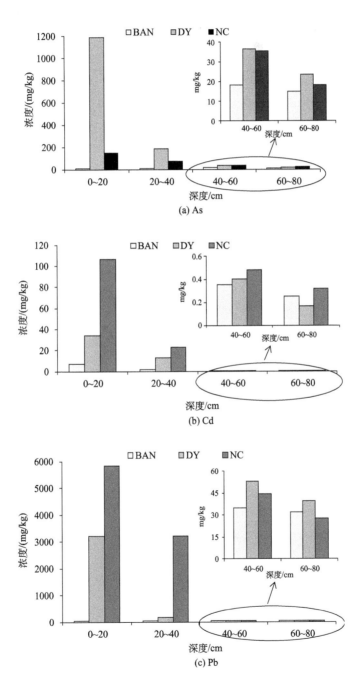

(a) As

(b) Cd

(c) Pb

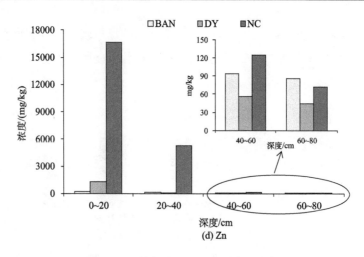

图 3.6　污染场地不同深度重金属浓度

从图 3.6 可知，示范场地表层土壤污染严重超标，20～40 cm 土层深度重金属浓度略微高于对照场地，40～60 cm、60～80 cm 土层深度重金属和对照场地没有差别，这说明 DY 地块和 NC 地块主要是表层土壤遭受重金属污染，垂直淋滤污染并不严重。示范场地周边有三口地下水井分别为#1、#2、#3，其相对于污染场地的方位和距离分别为：#1 井，东北方向，约 60 m；#2 井，西南方向约 100 m；#3 井，西南方向约 270 m。示范场地区域地下水流向为西南-东北。通过对污染场地周边三个水井采取浅层地下水样品进行分析，根据仪器的检出限和国标对照，地下水样达到国家二级标准，浅层地下水未受到污染。浅层地下水样品重金属含量及相应国家二级标准如表 3.2 所示。

表 3.2　污染场地周边浅层地下水样重金属含量及相应国家二级标准　（单位：mg/L）

样品		As	Cd	Pb	Zn
井号	#1	ND	ND	ND	0.086
	#2	ND	ND	ND	0.093
	#3	ND	ND	ND	0.017
	ICP 检出限	0.004	0.0002	0.005	0.001
国家标准 GB/T 14848—93	I	≤0.005	≤0.0001	≤0.005	≤0.05
	II	≤0.01	≤0.001	≤0.01	≤0.5
	III	≤0.05	≤0.01	≤0.05	≤1.0
	IV	≤0.05	≤0.01	≤0.1	≤5.0
	V	>0.05	>0.01	>0.1	>5.0

为了探究表层土壤重金属污染的来源，对污染场地随机采样点的样品重金属总浓度进行了 Pearson 相关分析，相关分析结果如表 3.3～表 3.5 所示。

表 3.3　对照场地 BAN 表层重金属总浓度相关性

BAN	As	Cd	Pb	Zn
As	1	−0.125	0.529	0.743
Cd		1	−0.098	0.292
Pb			1	0.831*
Zn				1

＊ 在 0.05 水平（双侧）上显著相关。

表 3.4　污染场地 DY 表层重金属总浓度相关性

DY	As	Cd	Pb	Zn
As	1	0.543	0.564	0.684*
Cd		1	0.548	0.681*
Pb			1	0.834**
Zn				1

＊ 在 0.05 水平（双侧）上显著相关。

＊＊ 在 0.01 水平（双侧）上显著相关。

表 3.5　污染场地 NC 表层重金属总浓度相关性

NC	As	Cd	Pb	Zn
As	1	0.939**	0.653	0.231
Cd		1	0.611	0.169
Pb			1	0.875**
Zn				1

＊＊ 在 0.01 水平（双侧）上显著相关。

对照地块 BAN 中 As、Cd 与 Pb、Zn 不相关，这与土壤的自然组成元素之间的含量关系相符，证明对照场地未受明显污染；Pb 与 Zn 含量在 0.05 水平（双侧）相关，只能说明对照场地 Pb 与 Zn 赋存时相关度较高。污染场地 DY 地块在 0.05 水平（双侧）相关的元素有（Zn，As），（Zn，Cd），在 0.01 水平（双侧）极相关的元素是（Pb，Zn）。因此可以判断 DY 地块上每一组元素来自同一个污染源，而且根据它们之间的相关性，可以判断 As、Cd、Pb、Zn 来自同一个污染途径（Li et al., 2007）。根据地球化学和矿物学基本理论，Pb、Zn、Cd 是伴随污染最多的元素，再结合现场调查，DY 地块是含 As 很高的铅锌废矿冶炼后的废渣堆，铅锌废矿石 Cd、As 含量都很高，相关性分析与调查结果相符合。污染场地 NC 地块则是锌灰，源于湿法冶炼锌锭后的工艺过程中产生的废弃滤饼，由于锌灰多是 Pb、Zn、Cd 伴生的矿石废料，As 含量反而不高。但是由于是湿法炼锌，过程中用到硫酸，滤饼是品位很低的 $ZnSO_4$ 废渣，导致 NC 地块土壤偏酸性，pH 值为 5.72～6.38。

3.1.3　重金属形态分析及浸出毒性

为了研究土壤中重金属在自然风化条件下的赋存形态，淋溶迁移规律，以及土壤重金属的生物有效性，潜在的生态环境风险，需要对重金属的存在形态按照活性进行分类，定量提取分析。通常可以把土壤重金属赋存形态分为可交换态（弱酸提取态或生物有效态）、可还原态（铁锰氧化态）、可氧化态（有机结合态）和残渣态（非有效态）。一般情况下，土壤矿物质中的重金属可以分为原生相重金属和次生相重金属。其中原生相的重金属是指残渣态的重金属，不能被土壤生态系统中的生物利用。而次生相的重金属是指可交换态、可还原态和可氧化态的重金属。次生相的重金属经过自然风化和地表环境长期理化作用而生成，较容易被土壤生态系统中的生物（植物、微生物、土壤动物等）利用，被利用的容易程度依次为：可交换态>可还原态>可氧化态。人为污染物质中的重金属属于外源污染物质，主要混杂在土壤次生相中，并通过土壤-水耦合系统的离子交换理化反应过程和系统水分再平衡过程进行形态转化和产生淋溶（徐礼生等，2010；朱雅兰，2010；Liu et al., 2014；Quan et al., 2014; Zhou et al., 2013）。土壤重金属的具体形态分析采用常见的连续式三步提取法（BCR 法）对提取液中的重金属含量进行测试。分别测定第一步提取液（弱酸提取态或可交换态）、第二步提取液（铁锰氧化态或可还原态）、第三步提取液（有机态或可氧化态）中重金属元素含量，并将最后的残留土壤固体在 65℃条件下烘干48 h 后强酸消解测试消解液中的重金属元素含量，得出对应土壤样品的残渣态重金属含量。示范场地中三地块 BAN、DY 和 NC 重金属形态分布如图 3.7～图 3.9 所示。

通过对三块场地的土壤重金属形态分析，发现污染场地醋酸提取态，也就是可交换态的 Cd、Zn 含量很高，表明这部分是最容易随雨水淋滤并被植物吸收的，存在潜在生态风险，需要及时治理。

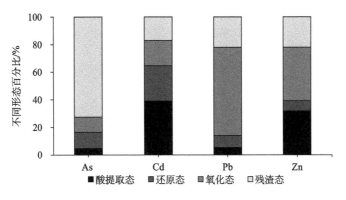

图 3.7　BAN 地块重金属形态分布

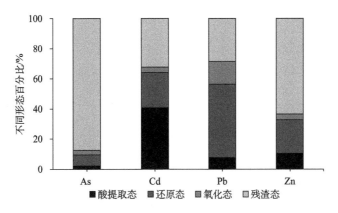

图 3.8　DY 地块重金属形态分布

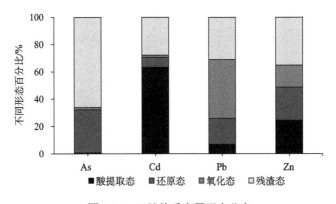

图 3.9　NC 地块重金属形态分布

根据 HJ557—2009 固体废物浸出毒性浸出方法，采用水平震荡法测得浸提液的重金属浓度，三地块 BAN、DY 和 NC 土样浸出重金属浓度如图 3.10 所示。

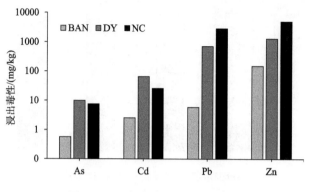

图 3.10　示范场地重金属浸出毒性

对照比较土样浸出重金属浓度与《危险废物鉴别标准毒性鉴别》（GB 5085.3—2007）中浸出液重金属浓度限值，场地 BAN 和 DY 浸出毒性检出量很低，NC 地块浸出液的 Cd、Pb、Zn 浸出浓度较高，但没有超标，表明 NC 地块测试土样属于一般固废。

3.2　村镇小型工矿废弃地的植物修复技术方案

选取污染场地 DY 和 NC 两地块作为植物修复示范场地。其中，DY 地块约 500 m^2，为火法炼铅的高炉废渣堆放场地，土壤平均 pH 值 7.35，表层土壤平均含水率 15.3%，土壤有机质平均含量 24.93 mg/kg，土壤阳离子交换量为 12.18 cmol/kg，土壤质地为砂壤土，土壤中总氮和有效磷含量很低；NC 地块约 300 m^2，为湿法炼锌过程中留下的工艺滤饼及废渣堆放地，土壤偏酸性，平均 pH 值为 6.35，土壤表层含水率为 12.8%，土壤有机质平均含量 44.37 mg/kg，土壤阳离子交换量为 10.72 cmol/kg，土壤质地为砂壤土，土壤中总氮和有效磷含量很低。经过取样分析测试，两块污染场地主要的重金属污染为 Pb、Zn、As、Cd 四种重金属。

3.2.1　植物修复技术实施步骤

工矿废弃地植物修复示范场的修复按如下步骤实施。

1. 分析场地污染特征与评估生态安全

按照随机布点采集土壤样品，分析样品理化性质（重金属总量、pH、有机质含量、重金属有效态含量、土壤阳离子交换量（CEC）、土壤电导率（EC）、土壤含水率，土壤容重，土壤粒径组成（干筛法），土壤总氮、总磷、速效氮、有效磷，速效钾含量），废渣物相组成（XRD 和 XPS 分析），确定污染特征，包括污染类型、污染物浓度分布（高浓度区、中浓度区、低浓度区），确定土壤肥力。废弃场地生态安全评估参见下节。

2. 确定场地修复目标

根据用地类型，修复目标值选定参考 HJ 350—2007、GB 15618—1995。

3. 修复植物筛选

（1）乡土植物筛选。在植物生长旺盛期，对废弃地进行植物群落调查，分析种群组成及识别优势物种，按照是否为优势物种（单体生物量、种群密度、盖度均最大、虫害最少）、某种个体生物富集系数（BCF）和转移系数（TF）大于 1 的标准筛选重金属富集乡土植物。

（2）商业植物物种筛选。根据文献报道的重金属超富集物种，选用抗寒耐旱生长迅速的草本植物，用现场采集的污染土壤，进行盆栽试验，筛选出商业植物物种（人工引进的修复植物物种，经过试验、大田示范试验可以推广的植物种）。

（3）乡土和商业物种配比。不管植物物种来自当地还是商业引进，在所有重金属富集植物中，又分为超富集植物、重金属忍耐植物；根据某植物种个体富集能力大小，优选富集能力强的植物物种作为修复主体植物，其种植比例占 70%。对于乡土物种中的重金属忍耐植物，在污染场地土壤中储存有丰富的种子，场地平整后，任其自然生发，使其混合分布在人工引进的物种群落中；为避免物种间恶性竞争抢夺水肥光热资源，在不影响植物群落稳定性的情况下，人工控制其生长面积不高于修复场地的 30%。

4. 生态覆盖层和植物栅配置方案

从成本和生物量因素考虑，生态覆盖层优先选用草本植物，分区块分物种人工栽种，对于土壤种子库中自然生乡土优势物种任其混合生长其中。乔-灌-草联合配置的植物栅物种组成比例为（1∶3∶7），配置原则是草本和灌木为主体，乔木为辅。配置方法是乔木布置在场地径流上游，可以优先采用幼苗种植或成苗移栽，辅助种子撒播，乔木林下混栽草本（景天、黑麦草等）目的是利用速生乡土乔木（杨树、柳树、椿树、槐树、榆树等）树冠枝叶和林下落叶带、草本覆盖层削减径流对污染场地表层土壤的冲刷，减少污染物随降雨的入渗和迁移；灌木主要作为植物栅主体，在径流中上游和场地边界布置 1～2 m 宽的灌木篱（选用常见耐寒的大叶黄杨和紫叶小檗），作为第二阶梯的植物截留减渗带和场地边界层；污染场地中心地带种植四季常绿耐寒耐旱的重金属富集草本植物作为生态覆盖层，此部分占种植面积的 70% 左右，主要作用是通过草本植物根系起到连接作用，稳定表层污染土壤，减少扬尘，通过草本植物体内不断富集有效态重金属，减少重金属离子下渗风险；通过草本覆盖层的区隔作用，减少雨水径流的污染。

3.2.2　修复目标及方案

需要进行修复的示范场地属于批复的工业用地，重金属严重超标，存在潜在的环境健康风险。为了减少环境危害，拟采用植物修复技术，改善土壤质量和削减污染，修复目标是达到展览会用地 B 级标准（HJ 350—2007）。

具体的修复方案是采用植物覆盖层技术和植物栅技术。植物覆盖层采用能富集重金属的草本，通过撒播、浇灌、施肥、移栽等农艺管理环节实现草本的快速建植，能够实现固定污染土层，减少入渗和污染物迁移的目的。植物栅技术通过栽种抗逆性较好的景观灌木，建立污染场地边界的阻隔墙，以明确污染场地范围，减少污染物迁移，同时具有景观化效果。在地形较高和地表径流、雨水流经的上游地带布置景观花坛，实现径流量削减和源头阻控，进而达到减少污染物迁移的目的，同时增加绿色植被层，改善修复场地景观环境。

3.2.3　植物配置方案

根据前期的调研和采样测试结果，采取人工强化联合自然恢复的重金属废弃地生态修复技术，以及乔、灌、草多种配置的绿色覆盖层减渗技术。修复植物体系中各植物具体的功能和种植方式如表 3.6 所示。即通过人工方式引入超富集植物种，改变原来不稳定的野生生态群落，提高重金属转移效率，改良土壤条件。

表 3.6　示范场地重金属生态修复体系植物特性

分类	工程植物	修复目标或用途	植物来源
草本	黑麦草	Pb、Zn、Cd、As	人工播种
	高羊茅	Pb、Zn、Cd	人工播种
	刺儿菜	Pb、Cd	人工播种、自然生长
	狗尾草	Pb、Zn、As、Cd	人工移栽、自然生长
	蒲草	Pb、Zn、As、Cd	自然生长
	鸢尾	景观绿篱	人工移栽
	萱草	景观绿篱	人工移苗
	景天	景观绿篱	人工移苗
灌木	大叶黄杨	绿篱减渗保持水土	人工栽植
	紫叶小檗	景观绿篱减渗	人工栽植
	剑麻	景观	人工栽植

续表

分类	工程植物	修复目标或用途	植物来源
乔木	毛白杨	景观保持水土	原有生长
	臭椿	景观保持水土	原有生长
	金叶榆	景观	人工移栽
小乔木	紫叶李	景观	人工移栽

同时引进景观植物和绿篱植物，强化原有生态群落的水土保持功能和垂直减渗功能，再结合施肥和浇水等管理措施，促进优势野生物种萌发生长，提高场地的植被覆盖率和重金属吸收效率，减少扬尘。从景观角度，结合原生乔木涵养水源的功能，引入常绿灌木和落叶灌木群落作为景观绿篱能够保持水土，减缓径流冲刷，再通过建植人工草坪、密植地被观赏草本，促进野生优势种生长，逐步建立起稳定的绿色覆盖层，实现大面积截留减渗的功能。

植物配置原则：一是要充分考虑污染物削减目标和减少地表径流污染负荷，以修复植物为主体，景观绿篱植物为辅助，满足场地植物覆盖和水土保持的要求；二是符合生态安全格局和景观要求，降低生态安全风险，使乔木、灌木与藤蔓植物有机结合，原生植物和人工移栽植物相结合，适当地配植和点缀时令开花植物（季义力，2013）；此外在树种的搭配上，绿化与美化相结合，树立植物造景的观念，创造良好的生态群落。

1. 超富集植物

超富集植物选用常见的多年生黑麦草和冷季型高羊茅，以及乡土草本刺儿菜和狗尾草。

黑麦草和高羊茅采用秋季撒播。因为考虑到场地污染物浓度高，为了提高修复效率，没有采用条播，而是采用撒播，提高超富集植物作用的范围。多年生黑麦草撒播前进行种子消毒，催芽处理，提高发芽率，减少病虫害，播种量为 $18 \sim 23 \text{ g/m}^2$，一般播种后半年可以建坪，冬季略微枯黄，来年再生能力强。播种前的准备工作主要为平整耕地，预先施加复合肥或有机肥作为底肥。播种时间可以选在春季或秋季，如果采用条播，行距要控制在 $12 \sim 25 \text{ cm}$，种子埋深在 $0.5 \sim 1.5 \text{ cm}$，北方干旱地区每亩播种量约 2.5 kg。为提高亩产量，可以施加氮肥，一般氮肥使用量约为 8 kg/亩。生物量的提高又间接提高了土壤中重金属的去除效率。冷季型高羊茅抗逆性强，耐酸、耐贫瘠，抗病性强。高羊茅草坪建植，选取种子直播即可。播种时间宜在 3 月中旬或 9 月中下旬。为了避免杂草危害，秋天播种效果较好。播种前 20 天施芽前除草剂，防除杂草。播种量为 1400 g/亩，播后覆盖 1～2 cm 厚的细土，保持土壤湿润，一般 50 天左右就能成坪。

刺儿菜是北方农村常见的农田杂草，扎根深，生长快，生于路边、荒地、农田附近，具有很强的适应恶劣环境的能力。在实地调查和室内分析测试中发现，刺儿菜对重金属有较强的耐性。刺儿菜用种子繁殖。6 月、7 月待花苞枯萎时采种，晒干，备用，植株可连续收获 3～4 年。刺儿菜播种时间一般选择在早春约 2 月、3 月间，按照 15cm×15cm 穴播，覆土，浇水。撒种到出苗期要经常播种。野生刺儿菜蔓延速度快，种子在土壤中保存时间长，对废弃地开展生态修复时，可以对野生的刺儿菜植物种群进行保留。

狗尾草属一年生草本植物，根为须状，高大植株具支持根，秆直立或基部膝曲，高 10～100 cm，基部茎达 3～7 mm。禾本科的狗尾草用自然撒播，速度快，春秋 15～30℃条件下播种均可，种子埋深在 2 cm 左右比较好。野生的狗尾草种子在土壤种子库中保留时间长，有助于该物种的延续定居。中国北方 4 月、5 月出苗，以后随浇水或降雨还会出现出苗高峰；6～9 月为花果期。狗尾草适生性强，耐旱耐贫瘠，酸性或碱性土壤均可生长。生于农田、路边、荒地。通过实地调查和分析，发现狗尾草有很强的适应性和重金属耐性。

2. 景观植物

选择景观植物首先考虑的是场区绿化景观的需要，采用适地适树的生态原则。因此保留原有的臭椿、毛白杨等已有的乔木，为了突出景观色彩，把乔木一般栽种在植物栅内侧边缘，再点缀布置具有一定形状的小乔木（红叶李）、灌木（紫叶小檗球状）和草本花卉植物（剑麻、萱草、鸢尾），形成错落有致的景观。其中红叶李属于观叶植物，叶常年紫红色，列植于绿篱内边缘，能衬托背景，又有层次感。紫叶小檗适应性强，喜阳，耐半阴，耐寒耐修剪，叶小全缘，菱形或倒卵，紫红到鲜红，4～6 月为花期，花黄色，6～10 月为果期，果实椭圆形，果熟后艳红美丽，可用来布置花坛，是重要的观叶、观果及绿化中色彩搭配的树种。剑麻为多年生植物，茎粗短，根系发达，常年浓绿，花、叶皆美，叶形如剑，花色洁白，繁多的白花下垂如铃，姿态优美，花期持久，幽香宜人，点缀于绿篱中，是良好的庭园观赏植物，环境适应能力强、抗污染和净化空气的能力强，因而可用于重建生态环境。萱草是多年生草本，根状茎粗短，具肉质纤维根，花为橘红色至橘黄色，5～7 月为花期。萱草性强健、耐寒，华北可露地越冬，适应性强，喜湿润也耐旱，喜阳光又耐半阴，对土壤选择性不强，春季萌发早，可丛植于花坛中作为地被植物。鸢尾耐寒，叶片碧绿青翠，花形大而奇，宛若翩翩彩蝶，4～6 月为花期，是重要的花坛绿化植物，可用做地被植物。景天是多年生草本，8、9 月为花期，耐寒耐旱，能扦插繁殖，可以成片栽植作为地被植物。

3. 绿篱植物

通常来讲，凡是由灌木或小乔木以近距离的株行距密植，栽成单行或双行，紧密结合的规则的种植形式，称为绿篱（孙桂琴等，2014；王海军，2014）。把密植的具有生态修复功能的草本或灌木统称为植物栅。绿篱建植的目的是区隔污染场地边界，保持水土，减少扬尘和垂直减渗。绿篱选择的原则为：抗逆性好，管理方便，生物量大。大叶黄杨是常绿灌木，可扦插繁殖，生长迅速，常用作优良的绿篱树种，有一定的抗寒能力，对土壤要求不高。大叶黄杨常与紫叶小檗搭配，采取 20cm×20cm 呈带状密植，形成有一定色彩过渡的绿篱。

工矿废弃场地（NC 和 DY）植物修复的植物配置平面布设如图 3.11 所示。

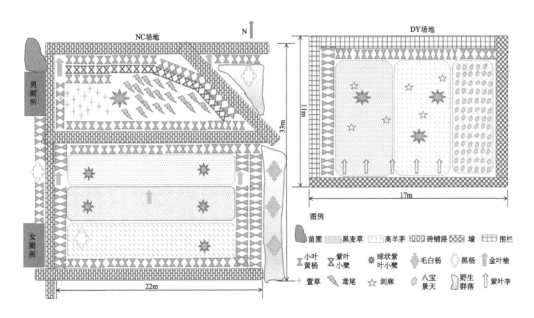

图 3.11　工矿废弃场地植物修复示范场地植物配置平面图

场地植物的配置规格如下：NC 西侧空地（320 m^2）和 NC 东边空地（190 m^2）的绿篱采用大叶黄杨和紫叶小檗，外围种大叶黄杨，里层种紫叶小檗，其中点缀梅花状的小檗各 6 m^2，靠墙各点缀 5 棵红叶李；将紫叶小檗修剪成整齐的圆弧篱状，东北角点缀三棵紫叶小檗球和一棵金叶榆；现场需种植绿篱面积为 107 m^2，需要修剪成梅花形的小檗 21 m^2，需要种月季 18 m^2，萱草 8 m^2；女厕所前的小空地（20 m^2）

种植两排绿篱,外围 50 cm 高小檗,靠墙 50 cm 宽的大叶黄杨;男厕所北边的小空地(20 m²)种植萱草,外围 50 cm 高,50 cm 宽小檗,点缀 2 棵紫叶李;NC 北部门房空地(180 m²)为花坛,种植带状观赏绿篱。苗木规格,高 80 cm,冠幅 20~30 cm;绿篱宽 100 cm,高 80 cm,带土球,种植密度 25 棵/ m²。

3.2.4　植物栅构建和减渗截留方案

植物栅可以分为乔本植物栅、灌木植物栅、草本植物栅、混合植物栅。植物栅的用途是将污染区域与非污染区域区隔开,减缓地表径流对污染场地的侵蚀,通过对污染场地径流的吸收、过滤,减少地表径流和下渗,同时配合强化阻隔作用的人工边界和混合灌木植物栅,起到对污染场地生态修复和控制污染蔓延的作用。针对工矿废弃地修复的植物栅配置选型原则之一,乡土植物优先,结合具体植物种的生长特征和根系分布特征,以及盆栽试验得出的去除污染物效果等进行布置。植物栅宽度和单株密度的设定:宽度通常为 2~4 m,密度设定为 20 cm×20 cm 密植,即可有效拦截泥沙的 40%~60%,显著改善土壤营养物质含量(土壤有机质可增加 20%~30%)。本工矿废弃地的植物栅采用毛白杨+(大叶黄杨+紫叶小檗)+(黑麦草+高羊茅)乔灌草相结合的三层防护植物栅。

根据污染场地自然地形的起伏和场区的排水通道判断出地表径流的大致方向,首先在污染场地边界围植 80 cm 高、80 cm 宽的大叶黄杨,作为绿篱防护带,把污染区域隔离开,同时能够减缓地表径流过多地冲刷污染场地造成的重金属污染物迁移。在 DY 地块东边,是地表径流进入污染场地的上游位置建植八宝景天搭配大叶黄杨的植物栅,作为第一道绿篱,既能够有效地减缓地表径流量,也能与修复植物协同作用,减缓入渗,从而降低重金属向土壤深层迁移的风险。在 NC 地块的北边,圈建一个花坛,由大叶黄杨和紫叶小檗构成绿化防护带,再密植萱草、鸢尾,形成景观花坛,既满足场区绿化的需求,又能够在 NC 地块地表径流上游有效阻隔和减缓雨水对污染场地的冲刷,进而减少重金属随降水径流的迁移。在工厂排水口旁边,平整原来的矿渣堆,建植景天搭配紫叶小檗而组成的花坛,一方面从源头控制污水排入厂外水沟;另一方面可以阻隔流经 NC 场地的地表径流带来的污染。工矿废弃地绿篱、植物栅布设阻隔地表径流防止污染扩散示意图如图 3.12 所示。总体上来讲,根据地表径流方向,划分出重点污染区域和容易遭受地表径流淋溶污染的区域,建立由大叶黄杨和紫叶小檗组成的多级生态绿篱,形成人工加自然恢复的绿色覆盖层,既能够阻隔地表径流侵蚀,防止污染区域扩散,又能保持水土、减小垂直下渗,降低潜在的地下水污染风险。

图 3.12　污染场地地表径流流向及绿篱、植物栅分布示意图

3.3　村镇小型工矿废弃地植物修复示范工程

3.3.1　超富集乡土植物初选

采用野生群落现场调查和文献分析的方法筛选示范现场的乡土植物。采集场地乡土植物，测定乡土植物的重金属浓度，确定各乡土植物重金属富集系数（BDF）和转移系数（TF）。实地调查发现侵略性强、生长快、生命力强的杂草能在重金属污染严重的废弃地上生长。由于污染的影响，DY 和 NC 地块植物种类显然没 BAN 地块丰富。示范场地野生植物群落如表 3.7 所示，各乡土植物重金属富集系数和转移系数如图 3.13 所示。

表 3.7　工矿废弃地植物修复示范场地野生植物群落调查

地块	建群种	优势种	伴生种	偶生种
BAN#	葎草、马唐、狗尾草	刺儿菜、鬼针草、虎尾草、萝藦、裂叶牵牛、蒲公英	芦苇、藜、地肤、反枝苋、苣荬菜、打碗花、朝天萎陵菜、龙葵、习见蓼	田旋花
DY#	葎草、裂叶牵牛	羽叶鬼针草、狗尾草、小刺菜、藜	车前草、萝藦	打碗花
NC#	蟋蟀草、葎草、裂叶牵牛	狗尾草、马唐、地锦、羽叶鬼针草、蒲公英	萝藦、朝天萎陵菜、龙葵	反枝苋、车前草

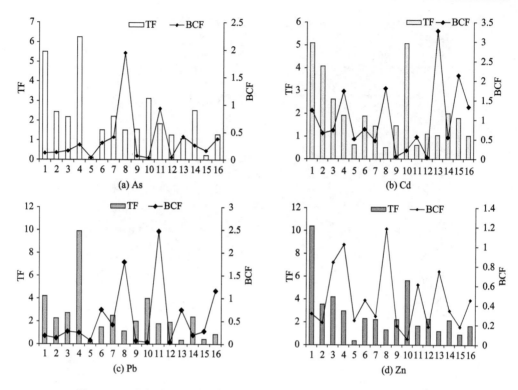

图 3.13　示范场地不同优势乡土植物种对四种重金属的两种生物富集因子

横坐标 1 到 16 所代表的植物种分别为：1. 反枝苋；2. 羽叶鬼针草；3. 打碗花；4. 灰藜；5. 虎尾草；6. 刺儿菜；
7. 鹅绒藤；8. 蟋蟀草；9. 葎草；10. 马兰；11. 萝藦；12. 裂叶牵牛；13. 朝天委陵菜；14. 狗尾草；15. 龙葵；16. 蒲
公英.BCF-富集系数；TF-转移系数

3.3.2　超富集植物确定

采集刺儿菜、蒲公英种子，用对照样地、两块污染场地土壤进行盆栽培养试验
（5 个重复），如图 3.14 所示。播种 60 天后，测试其成活率并收割测试其体内重金属
含量获得不同盆栽植物的重金属富集系数 BCF 与迁移系数 TF，如图 3.15 和图 3.16
所示。通过盆栽试验，验证了刺儿菜适应 DY 和 NC 两块重金属污染场地，并能达
到 80%的成活率。但是盆栽试验发现，蒲公英的成活率很低，只有 20%。因此选择
刺儿菜作为间种野生草本植物。

从四种植物的盆栽试验可知，刺儿菜有较好的抗逆性，更适合作为天然植物种
或者人工移栽种用于修复重金属污染土壤。刺儿菜有较高的生物富集因子和转移
因子，这意味着刺儿菜能够比蒲公英吸收更多重金属，其提取、转移作用更强；黑
麦草和高羊茅在污染条件下成活率很高，但是出现叶面发黄的现象，需要进行农艺
辅助管理（施肥或土壤改良），促进其生物量的稳定增长。根据这两种禾本科植物的
TF 和 BCF 分析判断，黑麦草和高羊茅均适宜于植物提取修复。

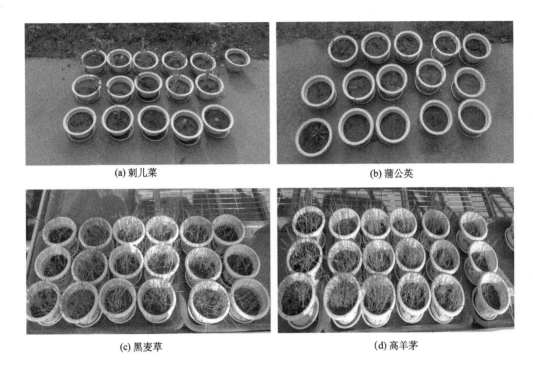

(a) 刺儿菜　　　　　　　　　　　　　　　(b) 蒲公英

(c) 黑麦草　　　　　　　　　　　　　　　(d) 高羊茅

图 3.14　废弃地污染土壤四种修复植物盆栽试验

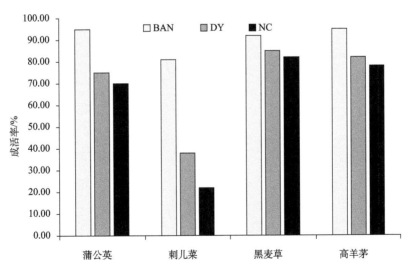

图 3.15　污染土壤盆栽条件下四种植物成活率

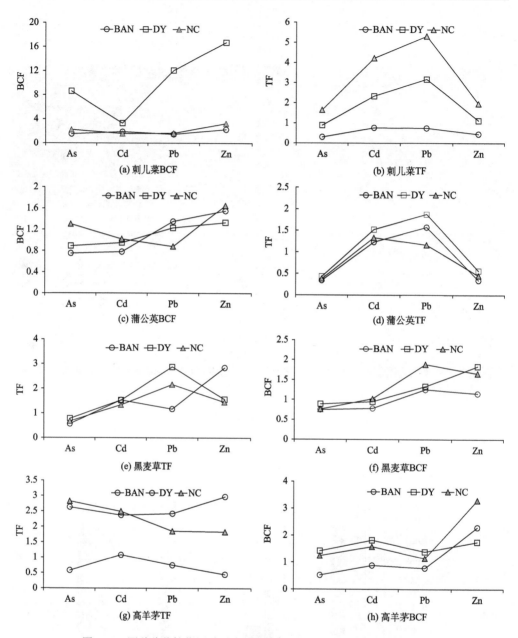

图 3.16　四种盆栽植物四种重金属元素的富集系数 BCF 与迁移系数 TF

3.3.3　示范场地植物修复试验

由于场地的主要污染物是 Pb、Zn、Cd、As 四种重金属，浓度最高的是 Pb、Zn，毒性危害最大的是 Pb，生物毒性最大的是 Cd。根据杨卓等的研究结果，在这四种重金属复合污染的条件下，常见草坪草——黑麦草和高羊茅具有较好的抗逆性和富集性,可以作为土壤污染的修复植物(Karczewska et al.,2013)。

　　根据盆栽试验确定修复植物后,在示范场地(平整后)进行了现场播种修复试验。分别在 BAN、DY 和 NC 地块播撒草种,对于黑麦草和高羊茅采取分区域撒播,如图 3.17 所示。对于野生的刺儿菜采用分散间播,目的是形成稳定的修复植物覆盖层和具有一定多样性的植物群落。

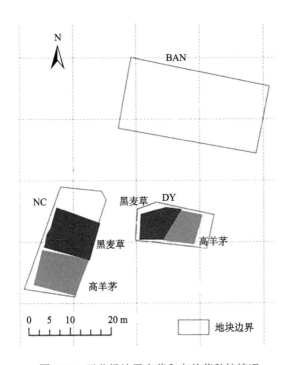

图 3.17　示范场地黑麦草和高羊茅种植情况

　　2013 年 9 月至 2014 年 4 月为修复植物建植期,选用的多年生黑麦草和冷季型高羊茅在 15～20 天内发芽,生长良好,而且能够在露天条件下安全越冬。2014 年 5～10 月为旺盛生长期和繁殖期。2014 年 9 月至 2015 年 12 月为人工草地修复系统稳定生长阶段。

　　经过两年半的观测,发现人工种植的草本植被覆盖层在撒种后的第一年 5 月末达到了 70%的左右的盖度,说明此时正是草本植物生长的旺盛季节,生物量也开始快速增长。在 7 月底盖度最大,之后的两个月基本上持平。示范场地植物修复第一年度(2013 年)植物覆盖层盖度变化情况如图 3.18 所示。第二年从 3 月开始快速生长繁茂,以致趋于稳定;2014 年和 2015 年,DY 场地盖度稳定在 95%左右,NC 场地稳定保持在 70%左右,有效地防止污染场地的扬尘和雨水冲刷造成的污染物迁移。

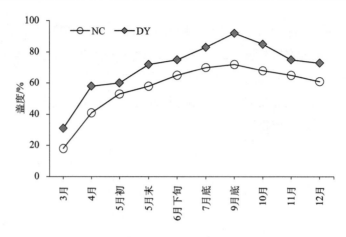

图 3.18　示范场地植物覆盖层构建初期盖度变化

分别测试高羊茅、黑麦草和刺儿菜植物体内不同部分富集重金属浓度，得出这几种植物体各部分富集重金属比例，如图 3.19～图 3.24 所示。从图 3.19～图 3.24 可以看出，几种植物体各部分富集重金属比例依场地不同而不同，但有着一个共同特点，即 DY 地块植物地上部分富集重金属比例相对较大，植物提取的效果更明显，而在 NC 地块植物地上部分富集重金属比例则相对较小，根际稳定作用占主导。高羊茅对 Zn、Cd 的富集效果明显，体内 Zn、Cd、Pb 含量最高分别达到了 3500 mg/（kg·dw）（Zn）、50.3 mg/（kg·dw）（Cd）、1668.3 mg/（kg·dw）（Pb），同时对 As 有较强的耐性。黑麦草同时对 Pb、Zn、Cd 的富集效果较明显，其体内的 Pb 含量最高达到了 1030 mg/（kg·dw），Zn 达到了 2066.7 mg/（kg·dw）。高羊茅的生长速度比黑麦草快，但生物量并不比黑麦草大。

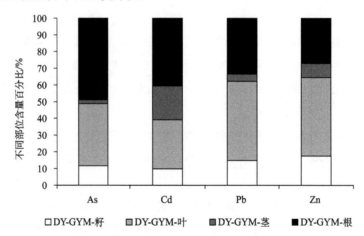

图 3.19　DY 场地高羊茅各部分富集重金属比例

GYM-高羊茅；HMC-黑麦草；CC-刺儿菜（图 3.20～图 3.24 同此）

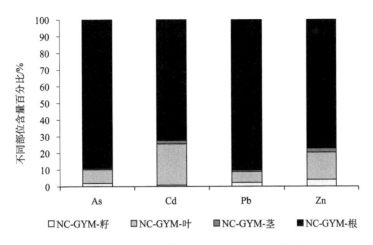

图 3.20　NC 场地高羊茅各部分富集重金属比例

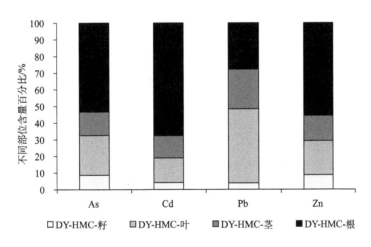

图 3.21　DY 场地黑麦草各部分富集重金属比例

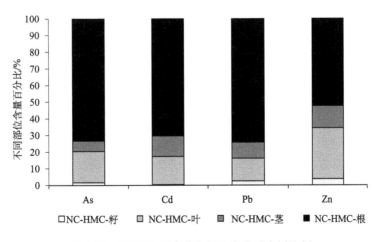

图 3.22　NC 场地黑麦草各部分富集重金属比例

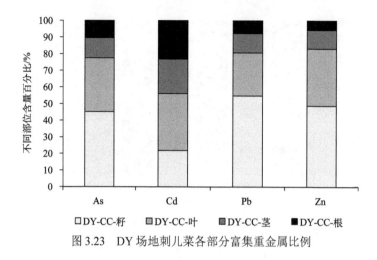

图 3.23　DY 场地刺儿菜各部分富集重金属比例

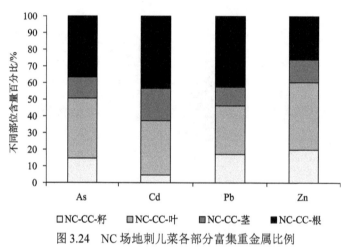

图 3.24　NC 场地刺儿菜各部分富集重金属比例

　　刺儿菜是当地的野生植物种，发芽后生长快，两个月后能收割。刺儿菜体内重金属 Zn 最大的浓度超过 5000 mg/（kg·dw），也对 Cd 有较强的吸收，最大的 Cd 富集浓度可以达到 41.8 mg/（kg·dw）。刺儿菜虽然没有黑麦草、高羊茅那么发达的须根系，但单株的生物量很大，个体生长快。这也是它作为修复植物的优势。同样 DY 地块刺儿菜植物地上部分富集重金属比例相对较大，但在 NC 地块相较于高羊茅、黑麦草，刺儿菜植物提取的效果更明显，说明它适合偏酸性的土壤。

3.3.4　配套建设

1. 土地平整

　　由于 DY 地块原来是破旧厂房，残存地基需要挖掘，拣出小石块、陶瓷碎片等才能人工耙耕；NC 地块堆放了很多废旧耐火砖，需要先转移安置。因此 DY 地块的土地平整先用推土机推运，挖走大型建筑石方，把低洼地填平，之后用挖掘机对土地进行翻耕，然后人工捡走小型砖块，最后进行细致耙耕平整，便于播种栽植。NC 地块的废旧砖块联系当地的卡车和叉车，雇用当地民工进行清运，之后雇用铲车和挖掘机对场地进行翻耕，最后是人工平整。示范场地平整过程如图 3.25 所示。

图 3.25　工矿废弃地植物修复示范场地土地平整

2. 现场栽种

（1）种植方式。紫花苜蓿、黑麦草、高羊茅采取撒播的方式种植；大叶黄杨和紫叶小檗植物栅采取 20 cm×20 cm 密植。NC 南端地势稍高，呈酸性，铅污染严重，撒播紫花苜蓿种子加上熟石灰调节土壤酸度。NC 北端地势稍低，只撒播紫花苜蓿种子。撒播完成后再耙耕覆土 1～2 cm。撒播时候把紫花苜蓿种子和干燥的沙子按 1：30 的质量比混匀，然后开始撒于试验地块。

（2）苗木栽植。定点放线，对照图纸进行核对无误后，将各树种位置以及造型图案等给予标记落实，待花木运到现场后，进行挖坑栽植；施工场地测量、放线必须严格按照施工平面图进行定点测量。景观绿篱栽种完成后，对围好绿篱的污染场地进行人工撒播，播种完成后浇头定根水（图 3.26）。

图 3.26　工矿废弃地植物修复示范场地现场栽种、撒播、浇灌与收割

添加砖道与场地外围界栏,防止车辆碾压与人工破坏。对修复场地按设计铺设花坛作为区隔防护,铺设方便行人通行、观赏的砖道,也便于场地修复的长期监测与维护(图 3.27)。

图 3.27　绿篱构建及围栏建成后

3.3.5　场地维护

1. 常规灌溉

由于当地浇灌农田普遍使用地下水,用 2 寸直径的农用灌溉高压水带接到 100 m 外的地下水泵出水管口,连接完成后,推上电闸即开始漫灌浇水。示范场地苗木搭建于秋季,因此需要浇好头三次水,每次间隔 10~15 天。最后入冬大地结冻前(约 11 月 20 号前后一周内)浇好最后一次越冬水。开春大地返暖万物复苏时(约 2 月底至 3 月中旬),浇好头一次开春水,对于促进灌木返绿发芽,草本返青都非常重要。

2. 补苗春播

示范场地的植物经过露地越冬后,有少部分大叶黄杨因栽植时候扎根不稳,经过一个冬季,已经枯死。DY 地块高羊茅和黑麦草在秋播后发芽率较高,但生物量不大,能够安全越冬,浇过开春水后,返青迅速,生长旺盛。NC 地块的紫花苜蓿并没有预料中的修复优势,基本上出苗面积不到 5%。于是在 2014 年 4 月中旬,抓紧进行了春播,在 NC 地块分别播种了高羊茅和黑麦草,并且对 DY 地块和 NC 地块枯萎的大叶黄杨进行春季补种,维持景观效果。浇过开春水后 15 天开始返绿。

3. 施肥修剪

春季施肥主要是为了保证草本、花卉和灌木在夏季生长旺盛时节到来之前,及时补充植物生长、繁殖所需营养;所使用的肥料是复合肥和腐熟过的有机肥。施用次数为 1 次/月，施肥量为 $12\sim15\ \text{g/m}^2$，在每次灌溉之前施用。夏季高温多雨时节，停止施肥。经过施肥和灌溉，DY 地块和 NC 地块新播种的草本和北面花坛的绿色植物长势非常旺盛。在植物生长的春末夏初，为了防止植物过快长势对水分造成的过度损耗及促进植物更好地生长，剪去灌木的部分嫩叶和枯死的乔木枝叶。

4. 收获测试并计算修复效率

对已经成熟的高羊茅、黑麦草进行收割，称量，晾干，并收获籽粒，将收割风干的高羊茅、黑麦草储存待测。

通过对大田试验中人工建植的成熟期高羊茅、黑麦草收获测试，发现 DY 地块，重金属富集在高羊茅和黑麦草的地上部分的比例大于根部，DY 地块重金属去除机理主要表现为植物提取，可以通过一年 $2\sim3$ 次的收割，把植物吸收的重金属集中处置，从而实现工矿废弃污染场地重金属浓度的降低。

植物去除重金属效率 η 的计算公式如式（3.1）所示：

$$\eta = \frac{C_{\text{plant}}M_{\text{DW}}}{C_{\text{soil}}M_{\text{soil}}} \times 100\% \tag{3.1}$$

式中，η 为重金属去除效率，%；C_{plant} 为植物体内重金属质量浓度，mg/kg；M_{DW} 为收割植物干重，kg；C_{soil} 为土壤中重金属平均浓度，mg/kg；M_{soil} 为污染土层质量，kg。

根据公式和采样分析结果，测算出黑麦草每年对污染场地 As、Cd、Pb、Zn 的去除率分别为 0.7%、4.3%、1.2%、1.9%；高羊茅每年对污染场地 As、Cd、Pb、Zn 的去除率分别为 1.2%、5.1%、2.7%、6.8%。测试结果显示，NC 地块高羊茅和黑麦草的根部富集重金属的比例高于地上部分，因此 NC 地块植物去除重金属的机理表现为根际稳定，这可能跟 NC 场地偏酸性的土质有关，植物在重金属和酸性胁迫条件下表现的抗性机制能够把有害金属稳定在根部。因此 NC 地块的修复策略则是先通过建植草坪，实现原来废弃地土质改良，然后再连根收割，第二年重新播种种植，定期灌溉，施肥，第三年逐步减少灌溉施肥频率，减少人工干预，增强植物修复系统的适应力。

根据连续三年的现场污染修复中采样测试结果，污染场地重金属有效态年平均降低 3%～4%，持续修复 20～30 年可以实现污染场地达到工业用地的安全使用标准。

DY 和 NC 地块都生长着野生优势种刺儿菜，地上部分吸收的重金属明显大于根部，而且刺儿菜生物量可观，可以间种于草坪中，一方面作为观花植物；另一方面起到提取重金属的作用，但是刺儿菜有长根茎，扎根很深，须根和侧根很少，因此减渗和截留效果不如高羊茅、黑麦草。在修复过程中，还发现了葎草是 DY 地块的优势种，适应力极强，地上部分生物量大，对重金属的忍耐作用很明显，但是由于生长蔓延太快，会与人工建植物中和其他景观植物争夺水分、光、热资源，应合理进行人工干预，控制其过快生长。

　　经过两年半的稳定生长，修复区内的灌木植物栅——大叶黄杨和紫叶小檗生长良好。DY 地块高羊茅和黑麦草草坪的盖度可以达到 92%～95%，冬天高羊茅会有枯黄现象，黑麦草则是一年四季常绿，在灌木篱边缘生长有苜蓿群落，在整个草坪零星分布自然生长的刺儿菜，狗尾草等野生草本。NC 地块高羊茅和黑麦草草坪的盖度可以达到 65%～78%，除了一些土壤质地密实的废渣压实区块修复植物仍然无法生长之外，引进的人工草本植物生长迅速，生物量大，整个草坪中挨近灌木篱的边缘有野生的狗尾草、龙葵和人工引进的苜蓿、大叶景天。根据现场调查，在重金属污染废弃地上人工引种的修复草坪并没有破坏野生种子库，反而实现了人工-自然联合生态恢复的效果，不仅提高了废弃地植被覆盖度和群落稳定性，也有助于废弃地生态风险防控。

3.4　村镇小型工矿废弃地的植物修复效果研究

3.4.1　修复植物重金属含量

　　工矿废弃地污染场地人工种植和野生的修复草本植物主要有四种：黑麦草，高羊茅，苜蓿和刺儿菜，在成熟期收获，测得其体内不同部位重金属含量如图 3.28～图 3.31 所示。

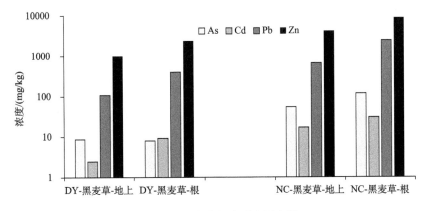

图 3.28　黑麦草体内重金属含量

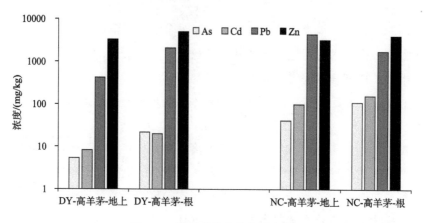

图 3.29　高羊茅体内重金属含量

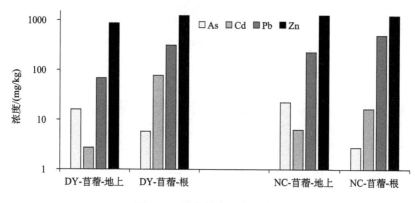

图 3.30　苜蓿体内重金属含量

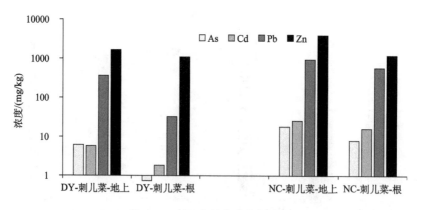

图 3.31　刺儿菜体内重金属含量

从图 3.28～图 3.31 中可以看出，人工种植的黑麦草、高羊茅在 DY 和 NC 两地块，地上部分和根部对 Pb 和 Zn 的富集量较大，均能超过 1000 mg/kg，对于 As 和 Cd 的富集不明显；紫花苜蓿在 DY 和 NC 两地块对于 As、Cd、Pb、Zn 的富集量均未超过 1000 mg/kg，但是对于污染场地肥力的改善有积极的作用。刺儿菜作为野生物种，对于 Zn 有较好的富集，对于 Pb、As、Cd 有较好的耐性。

　　根据定期采样，每年草本植物覆盖层可以去除重金属元素 As、Cd、Pb、Zn 总量的效率分别是 1.8%、9.3%、4.0%、8.7%。若按照有效态重金属为参考指标，草本植物覆盖层对 As、Cd、Pb、Zn 的累积去除效率为 9.1%、11.8%、8.3% 和 18.2%。

3.4.2　废弃地土壤有机质变化

　　通常在一定含量范围内，有机质的含量与土壤肥力水平呈正相关。通过对土壤有机质含量变化的动态监测，可以反映出土壤肥力水平的变化。2013 年 9 月示范场地建设初期，污染场地 DY 地块和 NC 地块的土壤有机质含量不足 1%，对照场地有机质含量为 1.14%（图 3.32）。经过两年的种植，2015 年 9 月，污染场地的有机质含量超过了 1%。土壤有机质含量的增高，说明了植物修复技术措施对改善废弃地的营养状况有积极作用，长期的植被覆盖，减少了土壤水土流失，通过生物累积，降低了土壤中高浓度重金属冶炼废渣淋溶迁移的风险。通过植物修复过程的技术维护，实现了示范场地土壤有机质的增加，最直接的作用是改良土壤结构，减少了土壤板结促进土壤团粒体的形成，从而增加土壤的疏松性，改善土壤的通气性和透水性；有机质增加可以改善土壤黏性，降低土壤的胀缩性，防止干旱时土壤耕作层水分损失；土壤有机质的增加也能提高土壤的有效持水量和土壤的保温性能，从而为植物的长期生长创造好的环境条件。

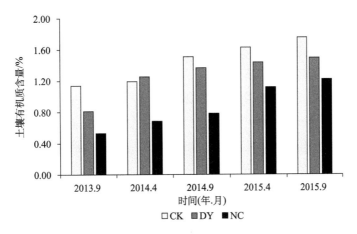

图 3.32　污染场地土壤有机质变化

3.4.3　乔-灌-草联合配置截留减渗效率

污染场地对水体的潜在污染危害，主要是降水形成地表径流挟带污染场地地表驻留污染物迁移导致，因此，源头污染控制成为削减污染场地污染物随降雨迁移的关键环节。研究并建立覆盖密集结构合理的乔-灌-草植物联合覆盖层，控制降雨地表径流，减少污染物输出，是控制村镇地区污染场地污染物随径流迁移的一种经济有效的途径。研究表明，降水地表径流总悬浮固体（TSS）发生量与降雨强度关系密切，高强度降雨流会挟带大量 TSS，径流污染物的 COD_{cr} 与径流 TSS 关系密切，TSS 是各种径流污染物的载体，TSS 增加各污染物负荷随之上升，削减径流产量可有效减少 TSS 发生，进而削减 COD_{cr} 径流污染物负荷，减少污染物向自然水体迁移，因此，通过建构植物修复层优化改良污染场地降水地表径流界面，减少降水径流，是实现污染场地截留减污的重要途径。有植物覆盖层的条件下，削减了地表径流污染物的输出，促进了降雨的滞留和土壤涵养水分，但增加了污染土壤中重金属等污染物垂向迁移的风险。然而，在某次降雨事件过程和结束后，人工构建的植被覆盖层通过根际固定、植物提取和蒸腾作用，能够消纳滞留下渗的雨水，从而降低了污染物随渗流垂向迁移的风险，称之为植物覆盖层的减渗作用，同时具有阻滞污染物向下迁移作用。

水平方向截留效果评估：通过对污染场地修复实施后 1 年内 3 次场地有效降雨事件中的采样，每次采样从下垫面产生径流开始计时，在两种不同下垫面实验场地的径流下游出口，取样时间分别在 5 分钟、10 分钟、15 分钟、25 分钟、35 分钟、50 分钟、70 分钟、100 分钟时，用 200 mL 聚乙烯瓶，分别取各时刻水样，水样的采集方法依据《水质采样技术指导》。采集的径流水样及时送到实验室并于 24 h 内进行水质指标的分析。根据暴雨径流污染特征，分析 COD_{cr}、重金属、TSS，评估植被覆盖层的水平方向截流作用污染物消减效率。

垂向减渗效果测试评估：通过人工浇灌的方式模拟不同降雨强度下，冲刷无植被、有植被的种植槽，对垂直方向三个深度（0 cm，20 cm，40 cm）的渗流按 30 分钟、60 分钟、120 分钟时间间隔分别采样，测试重金属值并计算 COD_{cr}、重金属、TSS 的消减率，评估植被覆盖层的垂向减渗作用污染物削减效率。将水平方向的截留作用污染物削减效率和垂直方向减渗作用污染物削减效率平均得出乔灌草联合覆盖层的综合截留减渗效率，其结果如图 3.33 所示。

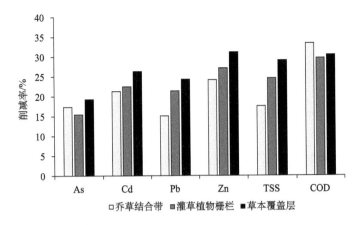

图 3.33　乔灌草联合覆盖层截留减渗效率

　　人工-自然联合的植被覆盖层构建，降雨会通过乔木林冠层、灌木层、草本层和枯枝落叶层的再分配之后，一部分水分将进入土壤中被贮存，被植物吸收蒸腾或通过地面直接蒸发掉；而作为径流流走或渗入到包气带的水会减少；而另外一部分将作为直接径流从地表流走，这部分流走的地表径流其携带泥沙量和污染物都会因为植被覆盖层的阻截滞留而减少。经过实验监测发现，对于三种覆盖层类型，对地表径流中四种重金属削减量为 23% 左右，TSS 削减量近 30%，COD 平均削减量约为31.2%。

第4章 村镇废弃场地植物修复的生态景观化技术研究

4.1 村镇废弃场地的景观生态特征与恢复措施

4.1.1 典型村镇废弃场地的景观生态特征

1. 垃圾堆放废弃场地

针对北方村镇由垃圾堆放导致的受损陆域生态系统，选择了 4 所垃圾堆放废弃场地开展了实地调研。4 个调研场地均属于北方典型村镇，位于平原地区，且所在村镇经济欠发达，其中一所被选作生态修复和景观化示范场地。

1）与陆域自然生态系统相邻的垃圾堆放废弃场地

通过现场调研发现，村镇废弃垃圾堆放场，部分位于村子边缘，虽然对村民使用不十分便利，倾倒垃圾的步行距离较长，但能够一定程度缓解村民生活区域内的环境压力。这些场地通常与陆域自然生态系统或农业生态系统相联系。

根据现场实际调研情况，与陆域自然生态系统相邻的生活垃圾堆放场地，可能由于堆填形成平坦地形，也可能依旧河道堆填形成边坡。由于废弃场地的低污染特性，废弃场地周边的自然生态系统往往能够得以保持，如杨树等高大乔木，以及自然生长的草本植物、周边的农业生态系统等。这一类型的垃圾堆放废弃场地，其污染"源"的异质化强，但由于陆域生态系统对污染的传输性相对较弱，"传输"环节范围相对较小，周边自然生态系统"汇"的作用也并不明显。因此，在对这一类型垃圾堆放废弃场地进行生态恢复与景观化时，应重点考虑其与自然生态系统和农业生态系统的衔接关系，尽量采用自然与人工生态修复工程结合的措施，注重水土保持，修复污染源的同时阻隔潜在的传输环节；同时形成协调的景观过渡，避免单一人工设施造成景观异质化突显。

2）与人文建筑系统相邻的垃圾堆放废弃场地

现场调研还发现，有部分村镇垃圾堆放的废弃场地位于村中，村民倾倒垃圾更为方便，但是对村民生活环境造成了极大污染，而且给村内造成极差的景观，这些场地通常会位于废弃的人工河道、废弃坑井等低洼场所，与村舍、桥梁等人文建筑相联系。

现场调研结果表明，与人文建筑系统相邻的生活垃圾堆放场地，通常位于村内低洼处，废弃场地周边主要为村舍等人文建筑，自然生态系统通常较少，仅有部分乔木能够保持。这一类型的垃圾堆放废弃场地，除造成土壤污染外，对周边空气、水体也将产生污染，威胁村民健康。从景观生态格局而言，其污染"源"的异质化极强，周边自然生态系统脆弱，生态系统恢复与重建空间有限。因此，在对这一类型垃圾堆放废弃场地进行生态恢复与景观化时，应重点考虑其与人文建筑系统的协调，一方面采用高效的人工生态修复措施，削减污染源，控制其在空气、水体和土壤环境的立体传输；另一方面结合人文建筑特点，形成具有村镇特色的人文景观区域，并尽可能为居民生活提供休闲、娱乐等服务功能。

3）与水域生态系统相邻的垃圾堆放废弃场地

此外，还有部分村镇垃圾堆放的废弃场地，位于村中或村边的河流或水塘的边坡上，不但对村镇景观造成视觉污染，而且污染物极易进入自然或人工水体，严重污染水域生态系统，对河流下游区域的水体和土壤环境及生态系统造成极大威胁。

根据现场实际调研情况，与水域生态系统相邻的生活垃圾堆放场地，通常会依水岸形成边坡，边坡上的自然生态系统有时能够得以部分保持，如常见乔木或草本植物，但水生生态往往受损严重。这一类型的废弃场地污染源稳定性差，地表水体起到污染物"传输"的作用，在降雨形成的地表径流冲刷下，极易造成污染物的大范围迁移，危害范围更广。因此，对此类废弃场地进行生态修复和景观化时，除考虑污染物去除效果选择修复植物之外，还应重点考虑以下两方面问题：对河道、泄洪通道和洪泛区的保护，应采用具有良好护坡和水土保持作用的植物，作为植物缓冲带；宜结合水生生态系统和人工湿地，进行水域—陆域联合生态修复，形成"源—传输—汇"多环节全面生态修复，并在陆域生态和水域生态的景观化设计中形成协调过渡。

2. 工矿废弃场地

针对北方村镇受损陆域生态系统，进一步选择了 3 所小型工矿废弃场地开展了实地调研。3 个调研场地同样属于华北区域典型村镇，村镇经济水平较垃圾堆放废弃场地所在村镇略高，同样其中一所被选作生态修复和景观化示范场地。

1）与陆域自然生态系统相邻的小型工矿废弃场地

与垃圾堆放废弃场地类似，村镇小型工矿废弃场地也可分为与陆域自然生态系统相邻或与人文建筑系统相邻两大类，同时由于建设条件的要求，村镇小型工矿废弃场地极少与水域生态系统相邻。

与陆域自然生态系统相邻的小型工矿废弃场地，经现场调研，该废弃场地的土壤呈酸性污染，同时铅、锌等重金属超标较为严重，其断面图片显示污染土壤主要位于表层土壤之下。但由于废弃时间相对较长，表层覆土已达到一定厚度，目前已开始初步林业化。

这一类型的废弃场地，通常废弃时间相对较长，原有厂房、建筑等已被拆除，而周边已开始形成新的自然生态系统和农业或林业生态系统，林地、草地等得以一定程度的恢复。同样的，其污染源相对比较稳定，且具有一定深度，在地表径流作用下传输性不强。因此，在进行生态修复与景观化时，一方面应结合现有林业化或农业化的具体措施，采用乔灌草结合的多层次植物修复和缓冲；另一方面同时考虑周边较大尺度的景观特征，避免造成突兀的异质化景观效果。

2）与人文建筑系统相邻的小型工矿废弃场地

该场地为废弃厂房占地，其原有厂房建筑等仍有残留，且与周边村舍等共同构成村内的建筑体系。可看出废弃场地的土壤和砖石已明显受到污染腐蚀，由于厂房与村舍相邻，该废弃场地周边区域狭窄，主要为生活或生产建筑，几乎没有完整的自然生态系统，仅有少量的当地草本植物生长，生态系统极不健康。

这一类型的废弃场地，往往废弃时间相对较短，原有厂房、建筑等有一定残留，且周边仍有村民居住或工厂生产的各类人文建筑。其污染源裸露比例较高，深度较浅，可能在地表径流作用下发生传输。因此，对这一类型的废弃场地进行生态修复与景观化时，宜结合当地村镇人文和建筑特征，通过清除场地废弃建筑后，构造人工生态系统和生活娱乐设施等方式，形成具有居住区使用功能的景观化效果，同时注意植被缓冲带的建设，避免浅层污染物在地表径流作用下的传输迁移。

4.1.2　典型村镇废弃场地的生态恢复措施

根据不同的废弃场地特点，可有不同的改造目标。其中改造为农业用地是较能使周边居民接受的结果，但对污染场地修复的成本较高，而且需要与周边用地类型相协调；恢复成林业用地，建设成村镇内的自然保护林带，虽然有助于废弃场地的水土保持，但对于周边居民或劳动者的使用功能有限；相比之下，对于村镇小型废弃场地，改造后作为景观绿地或村民休闲等类型用地，不但能够实现污染场地的生态修复，也能适应人们的使用要求，在解决生态效益的同时获得良好的社会效益。

针对上述生态改造方向，本研究提出，对废弃场地的生态修复和景观化设计，主要应遵循如下原则：

（1）因地制宜原则，结合当地经济社会和文化特点，适应场地本身的自然过程，针对当地气候、水文、资源条件等；

（2）资源节约原则，保护与节约自然资源，尽可能利用原有材料，减少包括能源、土地、水、生物资源的使用；

（3）生态自然原则，利用修复和景观植被的自然组织和能动性，保持生物多样性，实现场地的修复和景观化功能；

（4）审美功能原则，通过生态景观设计，将人类活动与自然活动有机结合，实现景观的审美功能（高飞，2012；王起明，2013）。

基于上述原则，结合村镇陆域废弃场地的低污染、小尺度、与人类活动关系紧密的特点，植物修复是其生态恢复和景观化技术的首选途径。

4.1.3　村镇废弃场地植物修复的景观格局优化方法

将景观生态学的"源—汇"理论应用于陆域废弃场地生态修复和景观化研究，可以看出，通过优化废弃场地及周边环境的景观格局，能够从源头上控制并削减污染物的产生和释放，促进污染物转化为低毒性或无害形态，并在其传输运移过程中进行阻滞与拦截，这是进行废弃场地生态修复的重要途径。基于此，常用的景观格局优化方法主要包括：

第一，利用人工构建的植物修复与植物缓冲带，对废弃场地内及其释放的污染物进行植物吸收、转化和阻截；

第二，利用自然或人工构筑的湿地等设施，对相应污染物通过沉淀、生物降解或水生生物吸收等方式进行去除。

对于陆域废弃场地，通常不具备建立水域生态系统的条件，因此自然和人工湿地应用受到一定限制，宜以植被缓冲带作为主要景观化手段。

建设植物修复和缓冲带应该遵循的原则有：一是修复能力强，通过选用合适的修复植物，采用科学的种植方式，实现污染物的高效去除；二是经济成本低，宜选用成本相对较低，易于成活养护，且景观效果较好的植被；三是兼顾环境与社会效益，在修复废弃场地的同时，形成良好的景观效果，对场地周边生态环境起到提升作用，为周边活动人群带来一定利益。

植物修复与缓冲带指在一定区域内建设乔、灌、草相结合的立体植物带，在废弃场地起到植物修复受污染土壤，在场地周边起到一定缓冲的作用，同时还具有景观化效果。植物修复与缓冲带主要通过以下过程去除和截留土壤及径流中的污染物：

（1）植物的超积累作用，将土壤中的污染物通过植物根系吸收、转移并积累至茎叶等地上部分,降低土壤中污染物的浓度水平。

(2)通过植物的水土保持作用,大幅削减降雨造成的地表径流流量和流速,同时过滤和拦截地表径流中含有的颗粒态污染物。

(3)植物通过吸收和根系吸附等作用,去除土壤中溶解态污染物,同时促进反硝化脱氮过程。

植物配置和覆盖范围是在废弃场地及周边环境中建设植物修复和缓冲带时应主要考虑的因素。修复植物的覆盖范围应尽量涵盖废弃场地的"源",而缓冲带可根据地形地质特征设置于"源"周边或污染"传输"路径。在物种选择方面,修复植物应根据废弃场地的污染特性,有针对性地选择对特定污染物超积累效果良好的物种;在其他植物种类方面,应尽量选择适宜生长、生物量大的本土物种,此外,草本植物的覆盖率高,能够有效提高地表覆盖程度,并且由于其根系靠近地表,对污染物吸收和地表径流削减有重要作用,同时,灌木和乔木的合理搭配,不但能够有助于水土保持和污染物截留,还能够形成更好的景观效果(杨红军,2008;汤家喜等,2012;王瑛等,2012)。

在特定条件下,还可通过设置人工湿地系统,利用水体、基质、植物、微生物共同的物理、化学和微生物作用,有效去除传输的有机或无机污染物,特别是氮磷等营养元素的污染。由于其在陆域废弃场地中的应用相对受限,在本书中不做专门论述。

4.2　典型村镇废弃场地修复的景观化方案

分别针对选定的典型垃圾堆放场和小型冶金厂导致的两所废弃场地,对其地形条件、污染特征、景观生态特征、周边生态环境特征等开展了调研,进行了示范区的生态修复和景观化方案研究。

4.2.1　典型村镇垃圾堆放废弃场地景观生态特征调研

选择河北省保定市涞水县张翠台村的废弃场地,作为典型村镇垃圾堆放废弃场地开展了景观生态调研与特征分析。

张翠台村的废弃场地位于河北省保定市涞水县王村乡张翠台村,是典型的华北地区村镇陆域系统,东经115°44′10″,北纬39°26′24″,海拔55 m,属暖温带大陆性季风气候,年均降水量561.7 mm,年均气温11.1 ℃。

所选废弃场地位于张翠台村村北,其周边位置关系如图4.1所示。该废弃场地原为村内垃圾堆放场地,现由于已经堆填完毕,经简易覆盖后废弃未使用。该场地有轻度重金属污染，同时伴有轻微氮磷等有机污染。

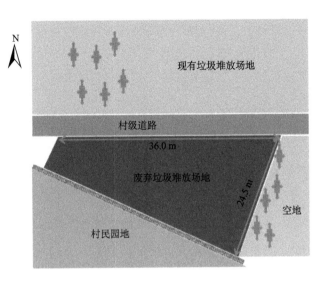

图 4.1　张翠台村废弃场地位置关系示意图

　　可以看出场地近似三角形，北侧为村内道路，道路另一侧现在仍为村内垃圾堆放场地，正在使用，其上种植有若干杨树；场地南侧为村民自有园地，与废弃场地有围栏相隔；场地东侧为空地，其上也种植有若干杨树。该场地位于村子边缘，属于与陆域自然生态系统相邻的垃圾堆放废弃场地，地形平坦，场地周边的高大乔木等自然生态系统保持良好，相邻的人工园地也形成一定的农业生态系统。根据与陆域自然生态系统相邻的垃圾堆放废弃场地景观生态特征，应采用自然与人工生态修复工程结合的措施，并形成协调的景观过渡。其景观特征的具体分析如下。

　　该废弃场地由于覆盖已填埋的垃圾，进行了一定平整，其上未有植物生长，有少量建筑杂物堆放，生态功能健康性较差。南侧村民自有园地，东侧空地，均具有一定生态功能，在生态修复中可协调利用。由于处在村民园地和空地杨树之间，该废弃场地景观异质性很高，视觉效果较差。同时场地北侧存在裸露垃圾，视觉效果也很差。

　　张翠台村废弃场地主要为生活垃圾堆放造成的污染，通常污染物浓度较工矿污染场地更低，且污染物类别存在一定差异，在修复植物的选择上宜根据污染特征进行确定。由于该废弃场地位于村边，有村内道路经过，因此靠近道路一侧宜选择符合道路沿线景观的植物隔离带进行布设。同时，该场地南侧有村民园地，东侧有种植杨树的空地，因此在景观化设计时应综合考虑人工设施和高大乔木本身的景观特征，以人工绿篱和自然缓冲带相结合的方式进行设置。

4.2.2 典型村镇垃圾堆放废弃场地生态修复与景观化方案

针对张翠台村垃圾堆放废弃场地的污染特征，选定修复植物主要包括苜蓿、景天和香根草。上述植物对重金属污染土壤和氮磷污染土壤有良好修复效果。

苜蓿为多年生豆科牧草，能够在多种气候类型和土壤环境下生长，具有较强的抗逆性和适应能力。株高 1 m 左右，株形半直立，轴根型，扎根很深。单株分枝多，茎细而密，叶片小而厚。苜蓿不但对污染场地修复效果明显，而且能够形成良好的草场景观，宜大面积种植于修复场地中央，作为主要修复植物。

景天为多年生草本，其对土壤的适应性强，能够一定程度耐旱和耐寒。对锌、镉等重金属具有明显的超积累作用。8 月和 9 月为花期，有浅红或紫色花冠，因此种植于修复场地周边，不但作为修复植物形成缓冲带，而且具有一定景观化效果。

香根草为多年生禾本科植物，具有适应能力极强，生长繁殖快，根系发达，耐旱耐瘠等特性，是水陆兼生植物，具有去除氮、磷等富营养元素的作用。将香根草种植于草本的景天和苜蓿外围，形成禾本—草本结合的生态修复与景观化效果。

除上述修复植物外，在场地生态修复和景观化方案研究中，选择了几类景观化植物，与修复植物一起形成符合场地周边生态环境特征的景观格局，包括大叶黄杨、紫叶小檗、美人蕉等。

大叶黄杨，常绿灌木或小乔木，高 0.6～2.0 m，喜光，亦较耐阴，喜温暖湿润气候亦较耐寒。常作为道路、花坛等景观绿篱使用。

紫叶小檗，落叶灌木，枝丛生，幼枝紫红色或暗红色，老枝灰棕色或紫褐色。喜凉爽湿润的环境，耐寒也耐旱，不耐水涝，喜阳也能耐阴。在园林工程中常用作色彩布置进行种植，可与常绿树种共同布置，如用于布置多种色彩搭配的花坛，是景观布置的重要树种。

美人蕉，多年生草本，有一定耐寒性，喜肥厚、排水良好的土壤，也耐贫瘠和短期积水。有多个改良品种，花朵色彩丰富，是良好的观花植物。

利用上述修复植物和景观植物，另有常见杨树、月季等搭配使用，根据典型垃圾堆放废弃场地生态特征，形成生态修复和景观化方案。

在进行该方案研究时，综合考虑植物修复要求、生态系统多样性、景观格局协调性和人类活动等要素，主要要点如下：

（1）在道路旁设置铁丝网围挡，以避免经过道路的车辆与行人破坏场地植物，围挡基础高度不超过 40 cm，确保内部植物景观能够透出，同时与南侧村民自有园地围栏相协调。

（2）场地内部以苜蓿和黑麦草等修复植物为主，尽可能减少景观植物挤占修复植物，东、南边缘分层种植香根草和景天等修复植物，同时起到景观效果。

（3）东侧边缘靠近场外空地，以间隔种植速生杨起到景观和边坡保持作用；西侧以速生杨和美人蕉间隔种植形成景观效果。

（4）南侧既有铁丝网上种植月季使其缠绕在铁丝网上一定高度，高于香根草发挥景观效果。

（5）北侧最外围间隔种植金叶榆，在种植间隔中设置美人蕉花圃，内侧铺设大叶黄杨为绿篱，主要实现景观效果，兼顾形成植物缓冲带，以削减道路和场地之间因径流造成的污染物交换。

（6）西北角设置大门，以球形紫叶小檗点缀门边；场地内部设置带状紫叶小檗，形成色块调节，达到景观化效果。

该生态修复与景观化方案，通过行道树和路边花圃，与道路景观相协调，同时在两侧设置禾本植物形成与场边乔木的过渡，进而利用缠绕的观花植物，降低既有围栏和场外系统的异质性，能够形成与周边自然环境、人工设施相协调的景观格局。

4.2.3　典型小型工矿废弃场地景观生态特征调研

选择河北省保定市某金属有限公司的废弃场地，作为典型小型工矿废弃场地开展了景观生态调研与特征分析。

该废弃场地位于河北省保定市清苑县某乡，是典型的华北地区村镇陆域系统，海拔 12 m，属暖温带大陆性季风气候，年均降水量 570 mm，年均气温 12.0℃。该厂区共有两块废弃场地，其周边位置关系如图 4.2 所示。两块废弃场地均原为矿渣堆放场，其 Pb、Zn 污染严重，同时伴有 As、Cd 污染，典型污染物的浓度如表 4.1 所示。

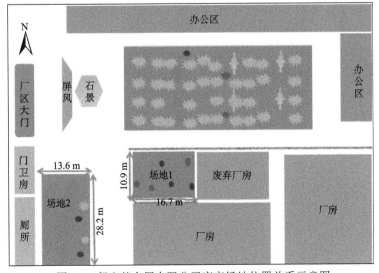

图 4.2　保定某金属有限公司废弃场地位置关系示意图

表 4.1　保定某金属有限公司废弃场地土壤污染物浓度　　（单位：mg/kg）

污染物	场地 1	场地 2
Pb	10716.38	28021.75
Zn	6217.82	51521.05
As	613.01	368.21
Cd	152.23	98.45

保定某金属有限公司的废弃场地，属于与人文建筑系统相邻的小型工矿废弃场地，原有的废弃厂房、墙体等仍有一定残留。根据与人文建筑系统相邻的小型工矿废弃场地的特征，对其进行生态修复与景观化时，宜结合厂区内的建筑布局和特征，清除部分废弃建筑后，主要通过构造人工生态系统，形成具有厂区工作人员休闲、观赏功能的景观化效果。

保定某金属有限公司的废弃场地及周边生态特征的具体情况如下所述。场地 DY 南侧紧邻公司厂房，而北侧为废弃围墙，东侧为另一废弃厂房（已为空地），西侧靠近厂区道路，与场地 NC 隔路相望。场地基本平整，其上仅有少量本地杂草生长，另有大量枯萎植物，生态功能很不健康。与场地 DY 周边建筑和土地利用相比，该场地不但污染严重，而且与周边设置分隔，景观异质性很强。

场地 NC 的现状情况。该场地西侧靠近厂区厕所，东侧与场地 DY 隔路相望，南侧一定距离为另一厂房，北侧则临近厂区大门道路。

场地 NC 基本平整，其东侧边缘有一排杨树生长良好。该场地虽然污染程度也较为严重，但由于乔木作用，景观条件略优于场地 DY，生态功能健康性也略高。然而由于其与场地 DY 距离较近，在景观格局设计中应统筹考虑。

4.2.4　典型村镇小型工矿废弃场地生态修复与景观化方案

针对保定某金属公司小型工矿废弃场地的污染特征，选定修复植物主要包括高羊茅和黑麦草。

除上述修复植物外，在场地生态修复和景观化方案研究中，同样选择了几类景观化植物，与修复植物一起形成符合场地周边生态环境特征的景观格局，包括黄杨、紫叶小檗等。利用上述修复植物和景观植物，同样另有常见杨树、椿树、紫叶李、金叶榆等搭配使用，根据典型小型工矿废弃场地生态特征和厂区建筑特征，形成生态修复和景观化方案。

在进行该方案研究时，同样综合考虑植物修复要求、生态系统多样性、景观格局协调性和厂区生产活动等要素，主要要点如下：

（1）由于废弃场地位于厂区内，周边人为建筑和景观占据主体，因此总体设计风格为人工生态系统，且与已有植被和景观设施相协调。

（2）修复植物为修复生态系统中的主要植被，占据面积比例较大，同时保留了厂区原有道路和大棵乔木。

（3）依据建筑布局，在修复植物外围利用大叶黄杨设置人工绿篱，并以胡枝子、月季等观花植物形成人工景观，起到植物缓冲带的作用，以削减场地内外因径流造成的污染物交换。

（4）两块废弃场地相隔厂区道路，但在视觉上具有连通性，因此保持了一致的设计风格。

（5）厂区西侧靠近收发室的场地设计，以波浪形三层绿篱（金叶女贞、大叶黄杨和紫叶小檗）围成的花圃为主，以配合厂区入口的景观布置。

（6）场地中央以紫叶小檗造型，形成色块调节，达到景观化效果；为研究便利，在场地中间可设置 30 cm 宽的砖石小路。

该生态修复与景观化方案，主要以人工绿篱和入口花圃，形成以人工生态系统为主的厂区内景观，利用建筑物与人工景观的协调，降低原有废弃场地的景观异质性。同时保留厂区内既有的高大乔木，形成乔灌草的搭配和过渡，从而形成与既有生态系统、人工建筑物相协调的景观格局。

4.3　微尺度中生态安全格局及阻力因子定量化分析方法

4.3.1　景观生态学中阻力因子与安全格局研究方法

在景观生态学的定义中，生态安全指在一定时空范围内，生态系统能够保持其结构与功能少受或不受威胁的健康状态，并能为人类社会经济的可持续发展提供服务，从而达到维持土地自然—社会—经济复合系统长期协调发展的目的（周彬等，2015；李晶等，2013）。

在景观生态学的生态安全相关研究中，重点关注的是，从自然资源利用和人类生存环境辨识的角度对自然和半自然的生态系统进行分析和评价，特别应体现人类活动的能动性，在此基础上考虑生态安全格局的构建。

由于生态安全水平一定程度取决于土地利用的变化，因此，通过改变土壤、水文、生态植被等土地利用相关因素，能够引起生态系统安全状态的改变。通过一定工程手段，构建能够促进和改善区域生态安全、使其达到相应目标或要求的土地利用格局，是实现区域土地可持续利用的有效途径（黎晓亚等，2004；谢花林，2008；俞孔坚等，2009；韩振华等，2010）。

在景观生态学中进行生态安全格局构建及开展相关研究，景观格局优化模型是常用的技术手段，其基本原理是基于生态学理论对研究区域的关键点线面和空间组合进行设计，达到相应生态系统结构和过程完整的目的，进而实现对区域生态环境的有效控制和持续改善。最小累积阻力模型是其中最为常用的模型之一。

1. 最小累积阻力（MCR）模型

MCR 模型是景观格局优化模型的一个典型代表，其最原始的理念是描述物种穿越异质景观的过程。模型概化了物种穿越景观时克服的景观阻力，并认为其中累积阻力最小的通道即为该物种最适宜的穿越通道。简言之，最小累积阻力模型描述了物种在从源到目的地迁移和运动中所需耗费的代价，其修订模式如式（4.1）所示：

$$MCR = f \min \sum_{j=n}^{i=m} D_{ij} \times R_i \tag{4.1}$$

式中，MCR 为最小累积阻力值；D_{ij} 为物种从源 j 到单元 i 的距离；R_i 为单元 i 对物种运动的阻力系数；$\sum$ 为单元 i 与源 j 之间穿越所有单元的距离和阻力累积；min 为取累积阻力最小值；f 为最小累积阻力与生态过程的正相关系数。

最小累积阻力模型不局限于特定的生态过程，已有相关研究以特定的用地单元作为"源"，利用 MCR 模型研究并提出了景观优化方案。相关研究表明，MCR 模型在生态安全格局的相关研究有良好适用性和扩展性，可应用于基于土地利用的生态安全格局构建及相关研究（王瑶等，2007；赵筱青等，2009；周锐，2013；文博等，2014）。

2. 利用 MCR 模型开展土地利用格局构建的研究方法

利用最小累积阻力模型研究构建土地利用格局时，通常经过"源"的选取、阻力因子体系构建、阻力因子等级划分、阻力面的生成以及生态安全格局构建等步骤（谭豪波等，2016）。以北京大学开展的基于最小累积阻力模型的农牧交错带土地利用生态安全格局构建研究为例（李晶等，2013），具体介绍各研究步骤如下。

（1）"源"的选取。在生态安全格局相关研究中，"源"指的是内部同质且能够促进生态过程发展的景观类型，"源"具有向本身汇集或向四周扩张的能力。特别的，在生态安全格局的构建过程中，通常可以将土地利用方式比较典型、并且土地利用类型相对稳定的单元或地块选作"源"。

（2）阻力因子体系构建。一般而言，阻力因子指标的选取，是根据研究对象特征、相关研究成果以及可以获取的相关资料，采用层次分析法进行确定，相应的阻力系数通常由领域内的专家通过打分法确定。例如，北京大学在基于最小累积阻力模型的农牧交错带土地利用生态安全格局构建研究中，构建的生态安全阻力因子体系包含了自然环境因子、社会经济因子两个准则层，并分别有地形水文、植被覆盖、开发程度等 7 个指标层和坡度、土壤类型、人口密度等 14 个因子层，如表 4.2 所示（李晶等，2013）。

表 4.2　某研究中生态安全阻力因子体系

目标层	准则层	指标层		因子层	
		指标	权重	因子	权重
生态安全阻力因子体系	自然环境因子 0.536	地形水文	0.350	海拔	0.113
				坡度	0.093
				距水体距离	0.143
		植被覆盖	0.074	植被覆盖指数	0.074
		土壤条件	0.113	土壤类型	0.029
				有机质含量	0.018
				侵蚀程度	0.066
	社会经济因子 0.464	土地利用压力	0.140	人均耕地面积	0.109
				载畜量	0.031
		人口压力	0.140	人口密度	0.140
		开发程度	0.115	距道路距离	0.013
				距居民点距离	0.073
				距矿点距离	0.029
		经济开发能力	0.069	农民人均纯收入	0.069

（3）阻力因子等级划分。对于不同的阻力因子，可以按照不同用地类型（耕地、林地、草地和城镇用地等）的要求，划分为不同的等级，为了将相应阻力因子进行量化，采用 1～5 的分值进行表示，分值越高代表阻力越大。同样的，北京大学在基于最小累积阻力模型的农牧交错带土地利用生态安全格局构建研究中，设定的耕地阻力因子分级结果包括高程、坡度、土壤类型、植被覆盖率等 14 个因子的阻力值，如表 4.3 所示（李晶等，2013）。

受研究区域差异等条件制约，阻力因子的等级划分并无统一的标准，但阻力因子的等级划分对阻力面的生成结果具有显著影响。

表 4.3　某研究中耕地阻力因子分级

阻力因子	单位	阻力值				
		1	2	3	4	5
高程	m	<1000	1000~1100	1100~1200	1200~1300	>1300
坡度	(°)	<3	3~8	8~15	15~25	>25
距离水体距离	m	<500	500~1000	1000~1500	1500~2500	>2500
植被覆盖率	%	<20	20~30	30~40	40~50	>50
土壤类型		潮土	盐化潮土	栗钙土	固定风沙土	钙质粗骨土
土壤有机质含量	%	<0.3	0.3~0.6	0.6~1	1~2	>2
土壤侵蚀程度		微度侵蚀	轻度侵蚀	中度侵蚀	重度侵蚀	烈度侵蚀
人均耕地面积	亩/人	>10	5~10	3~5	1.5~3	<1.5
载畜量	头/km^2	<60	60~100	100~150	150~200	>200
人口密度	人/km^2	>50	35~50	25~35	15~25	<15
距居民点距离	m	<500	500~1000	1000~1500	1500~2500	>2500
距道路距离	m	<500	500~1000	1000~1500	1500~2000	>2000
距矿点距离	m	>10	5~10	3~5	1~3	<1
农民人均纯收入	元	>8000	7000~8000	6000~7000	5000~6000	<5000

（4）阻力面生成及生态安全格局构建。根据前文所述步骤，在确定了"源"以及相应阻力因子体系和阻力值之后，可以通过地理信息系统相关软件（如 ArcGIS 中的 cost-distance 模块），获得不同用地类型阻力面的空间分布。用地单元越偏向外围，相应单元和"源"所提供的生态功能差距就越大，因此，随着从"源"向外的扩展，相应的阻力值也越来越大。

进一步统计所得各阻力面的栅格频率分布，其累积频率随阻力值增大而增加，但存在拐点，说明其增加速率发生变化。这些拐点的阻力值通常被选作划分阻力等级的依据。根据阻力值由低到高，相应阻力等级可以划分为高度适宜、中度适宜、临界适宜和不适宜等四级，如图 4.3 所示。

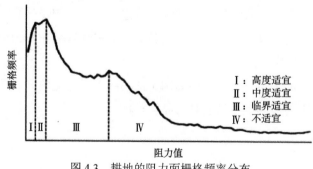

图 4.3　耕地的阻力面栅格频率分布

根据不同用地类型的优先顺序（如耕地、林地、草地），首先将对耕地高度适宜的地块调整成为耕地类型；进而将对耕地具有临界适宜或不适宜，但对林地高度适宜的地块调整为林地；依此类推可最终获得土地利用生态安全格局。其中，耕地的适宜性分级如图 4.4 所示。

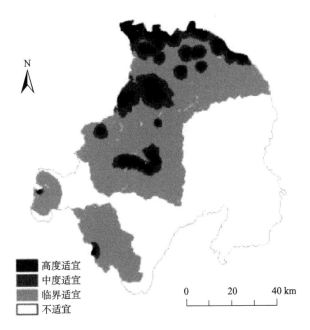

图 4.4　耕地的适宜性分级

（5）土地利用生态安全格局实施方案。将建议的生态安全格局和原有土地利用形式进行评估和对比研究，并调整优化生态安全格局，最终提出合理的、优化的土地利用方式。

4.3.2　微尺度受损村镇生态系统的阻力因子与安全格局研究方法

由于景观生态学中阻力因子与安全格局的研究方法主要针对区域、流域、城市等大、中、小尺度的区域性研究，在受损村镇生态系统的安全格局构建中有明显的不适用性。因此，本研究在中小尺度的阻力因子与安全格局研究方法的基础上，同样基于最小累积阻力模型原理，提出了针对微尺度受损村镇生态系统的阻力因子与安全格局研究方法。重点考虑了污染场地的尺度、污染特征及其与周边环境和生态系统的关系。

1. 针对污染场地的最小累积阻力模型

借鉴最小累积阻力模型概念，提出针对污染场地的最小累积阻力模型，用于表示不同类型污染物从污染场地向临近用地类型进行迁移的最小累积阻力，其计算公式如式（4.2）所示：

$$\text{MCR} = f\min\sum_{j=n}^{i=m} D_{ij} \times R_i \qquad (4.2)$$

式中，MCR 为污染物迁移的最小累积阻力值；D_{ij} 为污染物从源 j 到景观单元 i 的迁移距离；R_i 为景观单元 i 对相应污染物迁移的阻力系数；$\sum$ 为单元 i 与源 j 之间污染物迁移所需穿越的所有单元的距离和阻力的累积；min 为被评价的地块单元对污染物迁移取累积阻力最小值；f 为最小累积阻力与污染物迁移过程的正相关系数。

2. 利用针对污染场地的最小累积阻力模型研究土地利用格局

（1）"源"的选取。在利用针对污染场地的最小累积阻力模型中，"源"特指被污染的村镇场地，其作为独特的景观用地类型，具有与周边用地类型相比高异质性、且具有污染物向四周扩张或传输的能力。

（2）阻力因子体系构建。根据研究区实际情况和调研资料，应用层次分析法对目标层、准则层、指标层和因子层进行阻力因子指标选取，各因子的阻力系数同样通过领域内专家打分法进行确定。

特别的，阻力因子中至少应包含：用地类型、土壤性质、植被覆盖率、渗透系数等水文地质条件。针对村镇废弃污染场地初步拟定的阻力因子体系示例如表 4.4 所示。

表 4.4　针对村镇废弃污染场地的阻力因子体系示例

目标层	准则层	指标层	因子层
受损村镇生态系统安全格局阻力因子体系	自然环境因子	地形水文	坡度
			距地表水体距离
		植被覆盖	富集植物覆盖率
			非富集植物覆盖率
		土壤条件	土壤类型
			渗透系数
	社会人工因子	用地类型	用地功能分类
		人工设施	人工设施污染物去除率

（3）阻力因子等级划分。同样的，对各阻力因子进行定量化分级，用 1～5 的数字表示阻力因子的不同等级，分值越高表示相应的阻力越大。针对生活垃圾堆放场地和小型工矿废弃场地的污染特征差异，可分别划分阻力因子等级。例如，针对村镇废弃工矿污染场地初步拟定的阻力因子等级划分示例如表 4.5 所示。

表 4.5 针对村镇废弃工矿污染场地的阻力因子等级划分示例

阻力因子	单位	阻力因子等级				
		1	2	3	4	5
坡度	（°）	>15	10～15	5～10	2～5	<2
距地表水体距离	m	<3	3～10	10～25	25～50	>50
富集植物覆盖率	%	<2	2～4	4～8	8～12	>12
非富集植物覆盖率	%	<10	10～20	20～30	30～50	>50
土壤类型		砂土	砂壤混合	壤土	壤黏混合	黏土
渗透系数	cm/s	10^{-4}	$10^{-5} \sim 10^{-4}$	$10^{-6} \sim 10^{-5}$	$10^{-7} \sim 10^{-6}$	10^{-7}
用地功能分类		自然湿地	农业用地	林业用地	建筑用地	废弃场地
人工设施污染物去除率	%	<5	5～10	10～20	20～40	>40

（4）废弃场地区域生态安全格局构建。在明确废弃场地的"源"、污染物迁移的阻力因子体系和阻力值后，需明确研究区域范围，在微尺度条件下，建议以目标污染场地规模向四方各扩展 4 倍尺度确定研究区域范围。

污染物从"源"向外的迁移，在不同的单元中所遇到的阻力不同，累积阻力最小的迁移路线，是污染源造成环境和景观生态影响可能性最大的路线，作为生态安全格局构建的主要方向。

累积阻力增速突变的环节，识别为景观破碎化的关键环节。

3. 生态安全评估指标及土地利用生态安全格局构建

针对村镇废弃场地不同于其他用地类型的特征，应将废弃场地的污染程度纳入生态安全的评估指标。因此，对污染源污染程度进行等级划分，与累积阻力相除，得到污染场地生态安全格局阻力指标（I），其计算公式如式（4.3）所示：

$$I = C/\text{MCR} \tag{4.3}$$

式中，C 为污染源污染程度等级。

利用这一生态安全的评估指标，在累积阻力最小的迁移路线上（含污染场地），通过变化用地类型或增设人工设施，提出生态安全格局构建备选方案，对不同备选方案重新计算污染场地生态安全格局指标，使得指标值最低且低于生态安全限值。

4.3.3　典型微尺度受损村镇生态系统阻力因子分析

根据 4.1.1 节对不同景观生态特性的受损村镇生态系统分类，对与陆域自然生态系统相邻的垃圾堆放废弃场地、与人文建筑系统相邻的垃圾堆放废弃场地、与水域生态系统相邻的垃圾堆放废弃场地、与陆域自然生态系统相邻的小型工矿废弃场地，以及与人文建筑系统相邻的小型工矿废弃场地，均可利用上述研究方法进行微尺度生态系统的阻力因子分析，并开展生态安全格局构建研究。

1. 废弃污染场地污染等级划分

针对垃圾堆放废弃场地和小型工矿废弃场地，根据我国《土壤环境质量标准（GB 15618—1995）》和场地调查结果，分别拟定两类村镇废弃场地的污染等级划分，划分结果如表 4.6 所示。其中，1 级所对应指标为《土壤环境质量标准》中的三级标准限值（重金属指标）或调研污染场地周边背景值（有机物指标），2～5 级分别为超标或超过背景值的 2 倍、10 倍、100 倍和 100 倍以上的污染物浓度区间。在划定废弃场地的污染等级时，应以不同污染物分别进行等级划分，选取等级最高的作为该废弃场地的污染等级。

表 4.6　村镇废弃场地的污染等级划分　　　（单位：mg/kg）

废弃场地类别	污染物	1	2	3	4	5
垃圾堆放废弃场地	TOC					
	TN	100	200	350	500	1000
	TP	200	300	400	550	800
小型工矿废弃场地	Cd	<1.0	1.0～2.0	2.0～10	10～100	>100
	As	<40	40～80	80～400	400～4000	>4000
	Cu	<400	400～800	800～4000	4000～40000	>40000
	Pb	<500	500～1000	1000～5000	5000～50000	>50000
	Cr	<300	300～600	600～1500	1500～15000	>15000
	Zn	<500	500～1000	1000～5000	5000～50000	>50000

2. 受损村镇生态系统阻力因子体系构建

针对不同景观生态特性的受损村镇生态系统分类，结合对受损村镇生态系统的调查研究，通过层次分析法明确了相应阻力因子指标，并利用专家打分法确定各因子的阻力系数。不同分类下的阻力因子体系如表 4.7 和表 4.8 所示。

表 4.7　垃圾堆放废弃场地生态系统阻力因子体系

目标层	准则层	指标层	因子层
垃圾堆放废弃场地生态安全格局阻力因子体系	自然环境因子 0.51	地形水文 0.11	坡度 0.05
			距地表水体距离 0.06
		植被覆盖 0.18	富集植物覆盖率 0.10
			非富集植物覆盖率 0.08
		土壤条件 0.22	土壤类型 0.12
			渗透系数 0.10
	社会人工因子 0.49	用地类型 0.18	用地功能分类 0.18
		生态修复 0.25	修复灌木覆盖率 0.10
			修复草类覆盖率 0.06
			其他乔木覆盖率 0.05
			其他灌草覆盖率 0.04
		其他设施 0.06	其他设施污染物去除率 0.06

表 4.8　小型工矿废弃场地生态系统阻力因子体系

目标层	准则层	指标层	因子层
垃圾堆放废弃场地生态安全格局阻力因子体系	自然环境因子 0.48	地形水文 0.08	坡度 0.05
			距地表水体距离 0.03
		植被覆盖 0.18	富集植物覆盖率 0.12
			非富集植物覆盖率 0.06
		土壤条件 0.22	土壤类型 0.12
			渗透系数 0.10
	社会人工因子 0.52	用地类型 0.18	用地功能分类 0.18
		生态修复 0.26	修复灌木覆盖率 0.10
			修复草类覆盖率 0.08
			其他乔木覆盖率 0.03
			其他灌草覆盖率 0.05
		其他设施 0.08	其他设施污染物去除率 0.08

　　将上述各阻力因子以 1～5 数据表示分为不同的等级，分值越高表示阻力越大。针对生活垃圾堆放场地和小型工矿废弃场地的污染特征差异，分别划分阻力因子等级，如表 4.9 和表 4.10 所示。

表 4.9　针对垃圾堆放废弃场地的阻力因子等级划分

阻力因子	单位	阻力因子等级				
		1	2	3	4	5
坡度	(°)	>15	10～15	5～10	2～5	<2
距地表水体距离	m	<5	5～15	15～50	50～100	>100
富集植物覆盖率	%	<5	5～10	10～20	20～40	>40
非富集植物覆盖率	%	<10	10～20	20～30	30～50	>50
土壤类型		砂土	砂壤混合	壤土	壤黏混合	黏土
渗透系数	cm/s	10^{-4}	$10^{-5}\sim10^{-4}$	$10^{-6}\sim10^{-5}$	$10^{-7}\sim10^{-6}$	10^{-7}
用地功能分类		自然湿地	农业用地	林业用地	建筑用地	废弃场地
修复灌木覆盖率	%	<3	3～8	8～15	15～30	>30
修复草类覆盖率	%	<3	3～8	8～15	15～30	>30
其他乔木覆盖率	%	<5	5～10	10～20	20～40	>40
其他灌草覆盖率	%	<10	10～20	20～30	30～50	>50
其他设施污染物去除率	%	<2	2～5	5～10	10～20	>20

表 4.10　针对小型工矿废弃场地的阻力因子等级划分

阻力因子	单位	阻力因子等级				
		1	2	3	4	5
坡度	(°)	>15	10～15	5～10	2～5	<2
距地表水体距离	m	<3	3～10	10～25	25～50	>50
富集植物覆盖率	%	<3	3～8	8～15	15～25	>25
非富集植物覆盖率	%	<10	10～20	20～30	30～50	>50
土壤类型		砂土	砂壤混合	壤土	壤黏混合	黏土
渗透系数	cm/s	10^{-4}	$10^{-5}\sim10^{-4}$	$10^{-6}\sim10^{-5}$	$10^{-7}\sim10^{-6}$	10^{-7}
用地功能分类		自然湿地	农业用地	林业用地	建筑用地	废弃场地
修复灌木覆盖率	%	<5	5～10	10～20	20～40	>40
修复草类覆盖率	%	<3	3～8	8～15	15～30	>30
其他乔木覆盖率	%	<10	10～20	20～30	30～50	>50
其他灌草覆盖率	%	<10	10～20	20～30	30～50	>50
其他设施污染物去除率	%	<3	3～8	8～15	15～30	>30

3. 生态安全评估及典型受损系统生态安全格局构建研究

1）典型小型工矿废弃场地的生态安全评估及安全格局构建

针对作为陆域废弃场地生态修复示范工程的典型小型工矿废弃场地，开展微尺度生态系统阻力因子分析，作为陆域废弃场地的生态安全评估与优化方法的示例。该小型工矿废弃场地原为村镇某金属生产公司生产用地，公司停产后，该场地被废弃。以该废弃场地规模向四方各扩展 4 倍尺度作为研究范围，并根据用地类型和范围划定不同阻力因子分析方向，如图 4.5 所示。

图 4.5　典型村镇小型工矿废弃场地阻力因子分析示意图
注：①②③代表污染物阻力通道①、通道②和通道③

图 4.5 中，以小型工矿废弃场地为起点，分别向西侧、南侧和东侧三个方向延伸，划分为 3 条污染物阻力通道，每条通道均沿延伸方向包含以不同用地类型确定的三至四个层次斑块，分别是：通道 1 为污染场地斑块、农业用地斑块、建筑用地斑块；通道 2 为污染场地斑块、建筑用地斑块、农业用地斑块；通道 3 为污染场地斑块、建筑用地斑块、农业用地斑块、建筑用地斑块。对不同层次斑块的用地分别进行阻力因子调研，并根据现场采样分析结果确定污染场地的污染等级，利用前面章节提出的微尺度受损村镇生态系统阻力因子与安全格局研究方法和确定的相应阻力因子等级和权重，获得不同通道的阻力因子和生态安全评估指标。具体步骤与评估结果如下。

步骤 1，针对小型工矿废弃场地进行场地调查。

本步骤中，场地调查包括污染源调查、区域范围调查和生态系统调查等。

A. 污染源调查

对该小型工矿废弃场地开展污染源调查，污染场地废弃前为火法炼铅的废弃炉渣和湿法炼锌的废弃锌灰堆放场地，停产后以本地土壤进行简易覆盖后废弃。其场地规模约为东西长 35 m、南北宽 30 m，占地面积约 1000 m²，污染物类型以重金属污染物为主，重点包括 Pb、Zn、As 和 Cd，污染物浓度分别达到 6364.58 mg/kg、

6949.34 mg/kg、327.37 mg/kg 和 108.63 mg/kg，土壤类型为壤黏混合，地形平整，周边 200 m 范围内没有地表水体，土壤渗透系数为 2.0×10^{-7} cm/s。

B. 区域范围调查

以该小型工矿废弃场地规模最大边长向四周各扩展 4 倍尺度确定区域调查范围，即东南西北向各扩展 150 m。范围内主要分布为农业用地，其中污染场地西向路线 75 m 范围内为农业用地，以外为建筑用地；东北向路线 50 m 范围内为建筑用地，以外为农业用地；南向路线 50 m 范围内为建筑用地，50～100 m 为农业用地，以外为建筑用地。土壤类型均为壤黏混合，地形平整，区域范围内没有地表水体，土壤渗透系数为 2.0×10^{-7} cm/s。

C. 生态系统调查

该小型工矿废弃污染场地内没有植被覆盖，区域范围的农业用地内，除行道树和农田防护林外没有高大乔木，草本类植物覆盖率为 80%，没有典型的重金属污染物富集植物。

步骤 2，根据场地调查的结果确定小型工矿废弃场地的污染等级。

针对这种废渣堆放类型的废弃场地，可以浓度超标的 Pb、Zn、As 和 Cd 污染物分别进行等级划分，共分为 1、2、3、4、5 五个等级，污染程度由低到高，具体见表 4.11。根据 Pb、Zn、As 和 Cd 的污染物浓度分别为 6364.58 mg/kg、6949.34 mg/kg、327.37 mg/kg 和 108.63 mg/kg，其污染等级分别为 4、4、3 和 5，选取等级最高的 5 级作为该小型工矿废弃场地的污染等级。

表 4.11　小型工矿废弃场地污染等级划分　　　　　（单位：mg/kg）

污染物	1 级	2 级	3 级	4 级	5 级
Pb	<500	500～1000	1000～5000	5000～50000	>50000
Zn	<500	500～1000	1000～5000	5000～50000	>50000
As	<40	40～80	80～400	400～4000	>4000
Cd	<1.0	1.0～2.0	2.0～10	10～100	>100

步骤 3，根据场地调查结果对小型工矿废弃场地进行阻力因子模型分析，计算小型工矿废弃场地的最小累积阻力及其相应迁移路线。

本步骤主要包括：

A. 最小累积阻力模型建立

对于小型工矿废弃污染场及周边微观尺度区域，以小型工矿废弃场地为污染源，其周边分为多个景观单元，则表示污染源中不同类型污染物从场地向邻近用地类型进行迁移的最小累积阻力模型如式（4.4）所示：

$$\mathrm{MCR} = f \min \sum_{j=n}^{i=m} D_{ij} \times R_i \tag{4.4}$$

式中，MCR 为最小累积阻力值；D_{ij} 为污染物从景观单元 i 到景观单元 j 的迁移距离，以景观单元边缘距离计算；R_i 为景观单元 i 对该小型工矿废弃场地污染物迁移的阻力系数；f 为最小累积阻力与污染物迁移过程的正相关系数。$\sum$ 表示污染物从污染源到小型工矿废弃场地区域范围外的迁移路线上，所穿越所有景观单元的距离和阻力的累积；min 表示被评价的小型工矿废弃场地对于不同的迁移路线取累积阻力最小值。

对于本研究案例，污染源的景观单元编号记为 0，西向路线农业用地编号为 1，建筑用地为 2；东北向路线建筑用地编号为 3，农业用地为 4；南向路线靠近污染场地的建筑用地编号为 5，农业用地为 6，远离污染场地的建筑用地为 7。区域范围以外编号记为 8。以景观单元边缘距离计算三条路线中污染物迁移距离，如表 4.12 所示。

表 4.12　小型工矿废弃场地污染迁移距离

迁移路线	编号	距离/m	编号	距离/m	编号	距离/m	编号	距离/m
西向	D01	17.5	D12	75	D28	75		
东北向	D03	17.5	D34	50	D48	100		
南向	D05	15	D56	50	D67	50	D78	50

B. 阻力因子体系构建

根据小型工矿废弃场地的实际调查结果，阻力因子指标及各因子权重（即阻力系数）参照前文示例，如表 4.8 所示。

C. 阻力因子等级划分

根据因子层中各阻力因子对小型工矿废弃场地污染物迁移的阻力程度，对各阻力因子分为不同的等级，参照前文示例如表 4.10 所示。

D. 计算最小累积阻力

利用上述的小型工矿废弃污染场地生态系统最小累积阻力模型进行计算，根据污染源和区域范围调研结果，结合表 4.10 对不同阻力因子进行等级划分，如小型工矿废弃场地中，坡度阻力因子为 5，土壤类型阻力因子为 4，以此类推。将阻力因子与表 4.8 中相应因子的阻力系数（权重）相乘并求和，获得该景观单元对污染物迁移的阻力系数 R_i。将每条路线内不同景观单元的 R_i 与相应迁移距离相乘，并最终相加，令 $f=0.01$，获得该路线的累积阻力。

则三条路线的累积阻力计算结果分别为：西向路线：4.1625，东北向路线：4.1325，南向路线：4.1250。累积阻力最小的南向迁移路线，是污染源造成环境和景观生态影响可能性最大的路线，为生态安全格局构建的主要方向。

步骤4，根据小型工矿废弃场地的污染等级和其最小累积阻力获取小型工矿废弃场地的生态安全评估指标。

将污染源污染等级划分结果（本研究案例中为5级），与最小累积阻力相除，得到该废弃污染场地生态安全评估指标：$I=1.212$。

步骤5，根据小型工矿废弃场地的生态安全评估指标结果进行生态修复方案比选与优化。

为构建小型工矿废弃污染场地及周边区域的生态安全格局，根据生态安全评估指标分析结果，结合景观化设计，可以在累积阻力最小的南向迁移路线上（含污染场地），通过变化用地类型或增设人工设施，如提出如下三种生态安全格局构建备选方案。

方案一，在小型工矿废弃场地内大面积种植具有重金属Cd和Pb修复功能的灌木，覆盖面积80%，场地边界种植具有生态阻隔功能的草类，覆盖面积20%，该方法使得Cd污染浓度能够降低40%，而其他重金属污染物浓度降低15%，不改变其他景观单元的用地类型和现状。

方案二，在小型工矿废弃场地内混合种植针对不同重金属具有修复功能的灌木和草类，覆盖面积分别为40%和30%，场地边界种植不具修复功能的乔木以满足景观化需求，覆盖面积为15%，使乔灌草总覆盖面积达到85%，保持剩余15%的污染废弃场地用地属性不变。该方法使得各类重金属污染浓度均降低20%；同时在南向迁移路线内编号为5的建筑用地中增设人工污染物去除工程设施，重金属去除效率达35%。

方案三，在小型工矿废弃场地内混合种植针对不同重金属具有修复功能的灌木和草类，覆盖面积分别为20%和70%，场地中央和边界种植具有截留减渗功能的乔木以实现乔灌草联合配置植物栅，并满足景观化需求，覆盖面积为10%；联合配置植物栅的建设，可通过植物根系截留作用减少23%的污染物随地表径流迁移；对重金属元素As、Cd、Pb、Zn总量的年去除效率分别为1.8%、9.3%、4.0%和8.7%，按5年计总去除分别为8.7%、38.6%、18.5%和36.6%。不改变其他景观单元的用地类型和现状。

对上述三个备选方案重新计算污染场地生态安全评估指标，结果如下：

方案一，废弃场地污染等级降为4级，西向、东北向和南向三条迁移路线的累积阻力分别为4.2745、4.2445和4.2210，南向路线仍为累积阻力最小迁移路线，该废弃污染场地生态安全评估指标：$I=0.948$。

方案二，废弃场地污染等级仍为 5 级，西向、东北向和南向三条迁移路线的累积阻力分别为 4.2623、4.2323 和 4.3705，累积阻力最小的迁移路线已变更为东北向路线，该废弃污染场地生态安全评估指标：$I=1.181$。

方案三，废弃场地污染等级降为 4 级，西向、东北向和南向三条迁移路线的累积阻力分别为 4.4563、4.3663 和 4.3425，南向路线仍为累积阻力最小迁移路线，该废弃污染场地生态安全评估指标：$I=0.921$。

根据上述方案计算结果可以看出，对于本案例中的小型工矿废弃场地，由于污染物浓度较高，对废弃场地本身的景观生态修复工程能够更加有效地降低其生态安全评估指标值。以目前的三个方案进行对比可以看出，方案一的景观修复效果优于方案二。而对于方案二，可做进一步调整，如在废弃场地内大面积种植 Cd 金属修复灌木，覆盖面积为 60%，以及 Cd 金属修复草类，覆盖面积为 40%，使得 Cd 金属污染物浓度降低 40%，其他金属污染物浓度降低 10%；同时在南向迁移路线内编号为 5 的建筑用地中增设人工污染物去除工程设施，重金属去除效率达 35%。

对调整后的方案二进行重新评估，其废弃场地污染等级降为 4 级，西向、东北向和南向三条迁移路线的累积阻力分别为 4.2885、4.2585 和 4.3930，累积阻力最小的迁移路线已变更为东北向路线，该废弃污染场地生态安全评估指标：$I=0.939$。

然而，方案三采用了乔-灌-草联合配置的强化植物栅技术，特别通过植物根系截留作用减少污染物向其他景观单元的迁移，使得在进行污染土壤修复的同时，有效增大了污染物的迁移阻力，避免其对周边生态环境和系统的影响，其最小累积阻力可达 4.3425，成为对比方案中生态安全评估指标最小的优选方案。

对比方案一、调整后的方案二和方案三可以看出，方案一重点针对污染源进行强化生态修复，调整后的方案二和方案三在污染源生态修复的同时分别对迁移路线和污染源进行了生态阻隔，使得调整后的方案二和方案三生态安全评估指标低于方案一，特别是方案三利用乔-灌-草联合配置植物栅技术，取得了更优的景观生态修复效果，可作为该废弃场地景观生态修复的技术选择方案。在本书第 3 章介绍的小型工矿废弃场地生态修复示范工程建设中，参考方案三进行了生态修复方案配置，建设了乔-灌-草联合配置植物栅，取得了良好的生态修复和景观化效果。

2）典型垃圾堆放废弃场地的生态安全评估及安全格局构建

针对作为陆域废弃场地生态修复示范工程的典型垃圾堆放场地，开展微尺度生态系统阻力因子分析，作为陆域废弃场地的生态安全评估与优化方法的示例。该垃圾堆放废弃场地原为某村生活垃圾堆放用地，堆放达到容量限制后，经土壤简易覆盖后废弃。以废弃场地规模向四方各扩展 4 倍尺度作为研究范围，并根据用地类型和范围划定不同阻力因子分析方向，如图 4.6 所示。

图 4.6　典型村镇垃圾堆放废弃场地阻力因子分析示意图
注：①②③代表污染物阻力通道①、通道②和通道③

图 4.6 中，以垃圾堆放废弃场地为起点，分别向西北、东北和南侧 3 个方向延伸，划分为 3 条污染物阻力通道，每条通道均沿延伸方向包含以不同用地类型确定的 3 个层次斑块，分别是：通道 1 和 2 有污染场地斑块、林业用地斑块、建筑用地斑块；通道 3 有污染场地斑块、农业用地斑块、建筑用地斑块。同样，对不同层次斑块的用地分别进行阻力因子调研，并根据现场采样分析结果确定污染场地的污染等级，利用前面提出的微尺度受损村镇生态系统阻力因子与安全格局研究方法和确定的相应阻力因子等级和权重，获得不同通道的阻力因子和生态安全评估指标。具体步骤与评估结果如下。

步骤 1，针对垃圾废弃场地进行场地调查。

本步骤中，场地调查可以包括污染源调查、区域范围调查和生态系统调查等。

A. 污染源调查

针对该垃圾废弃场地开展污染源调查，该垃圾场地位于若干村舍中间位置，作为垃圾堆放场地服务时间约 3～4 年。场地呈近直角三角形，三边长分别为 36 m、28 m、24.5 m，占地面积约 350 m²。污染物类型主要有氨氮，重金属污染物（Cd 0.27 mg/kg、Cu 66.20 mg/kg、Pb 50.93 mg/kg、Zn 78.94 mg/kg），PAHs（826.71 μg/kg）。场地主要是村镇生活垃圾，有少量建筑垃圾和工业垃圾。主要成分有：有机垃圾（剩饭菜、瓜果皮核、杂草树叶等）、无机垃圾（炉灰、煤渣、扫地土、废弃砖瓦等）、塑料垃圾（各类食品包装袋、破旧塑料膜等）、有害垃圾（农药瓶、除草剂、废旧电池、旧灯管等）。场地因堆放垃圾导致地形不均匀，周边 200 m 范围内没有地表水体。

B. 区域范围调查

以该垃圾废弃场地规模最大边长向四周各扩展 4 倍尺度确定区域调查范围，即东南西北向各扩展 150 m。范围内主要分布为农业用地和居民区。其中污染场地东向路线 50 m 范围内为种有部分杨树的空地，以外为居民区建筑用地；南向路线 50 m 范围内为村民自有园地，属农业用地，以外为居民区建筑用地；西北向路线 50 m 范围内为村内道路及仍在堆积垃圾的堆放场地，以外为居民区建筑用地。区域范围内建筑用地比例高达 80% 以上，地形平整，没有地表水体，村民人居环境恶劣。

C. 生态系统调查

该垃圾废弃污染场地内没有植被覆盖，区域范围内空地有部分高大乔木杨树，农业用地内主要为农作物，草本类植物覆盖率为 80%，没有典型的重金属污染物富集植物及有机物修复植物。

步骤 2，根据场地调查的结果确定垃圾废弃场地的污染等级。

针对这种垃圾堆放类型的废弃场地，可以 TOC，NH_3-N，PAHs 和重金属等污染物分别进行等级划分，共分为 1～5 五个等级，污染程度由低到高，具体如表 4.13 所示（重金属污染物等级划分参照小型工矿废弃场地污染等级划分）。根据 PAHs（826.71 μg/kg）和重金属的污染物浓度，其污染等级分别为 4 级和 1 级，选取等级最高的 4 级作为该垃圾废弃场地的污染等级。

表 4.13　垃圾堆放废弃场地污染等级划分

污染物	单位	1 级	2 级	3 级	4 级	5 级
TOC	g/kg	<10	10～20	20～30	30～40	40～50
NH_3-N	mg/L	<15	15～25	25～600	600～1200	>1200
TP	g/kg	<10	10～20	20～30	30～50	>50
PAHs	ug/kg	<10	10～200	200～600	600～1000	>1000

步骤 3，根据场地调查结果对垃圾堆放废弃场地进行阻力因子模型分析，计算垃圾堆放废弃场地的最小累积阻力及其相应迁移路线。

本步骤主要包括：

A. 最小累积阻力模型建立

针对垃圾堆放污染场地及周边微观尺度区域，以垃圾堆放废弃场地为污染源，其周边分布有多个景观单元，则表示污染源中不同类型污染物从场地向邻近用地类型进行迁移的最小累积阻力模型如式（4.5）所示：

$$MCR = f \min \sum_{j=n}^{i=m} D_{ij} \times R_i \qquad (4.5)$$

式中，MCR 为最小累积阻力值；D_{ij} 为污染物从景观单元 i 到景观单元 j 的迁移距离，以景观单元边缘距离计算；R_i 为景观单元 i 对该垃圾废弃场地污染物迁移的阻力系数；f 为最小累积阻力与污染物迁移过程的正相关系数。$\sum$ 表示污染物从污染源到垃圾废弃场地区域范围外的迁移路线上，所穿越所有景观单元的距离和阻力的累积；min 表示被评价的垃圾废弃场地对于不同的迁移路线取累积阻力最小值。

对于本研究案例，污染源的景观单元编号记为 0，东向路线空地编号为 1，居民区为 2；南向路线村民自有园地编号为 3，居民区为 4；西北向路线垃圾堆放场地为 5，居民区为 6。区域范围以外编号为 7。以景观单元边缘距离计算三条路线中污染物迁移距离，如表 4.14 所示。

表 4.14　垃圾堆放废弃场地污染迁移距离

迁移路线	编号	距离/m	编号	距离/m	编号	距离/m
东向	D01	10	D12	50	D27	100
南向	D03	10	D34	30	D47	120
西北向	D05	8	D56	50	D67	100

B. 阻力因子体系构建

根据垃圾废弃场地的实际调查结果，阻力因子指标及各因子权重（即阻力系数）参照前文示例。

C. 阻力因子等级划分

根据因子层中各阻力因子对垃圾废弃场地污染物迁移的阻力程度，对各阻力因子分为不同的等级，参照前文示例，如表 4.9 所示。

D. 计算最小累积阻力

利用上述的垃圾废弃污染场地生态系统最小累积阻力模型进行计算，根据污染源和区域范围调研结果，结合表 4.9 对不同阻力因子进行等级划分，如垃圾堆放废弃场地中，东向坡度阻力因子为 5，土壤类型阻力因子为 4，以此类推。将阻力因子与表 4.7 中相应因子的阻力系数（权重）相乘并求和，获得该景观单元对污染物迁移的阻力系数 R_i。将每条路线内不同景观单元的 R_i 与相应迁移距离相乘，并最终相加，令 f=0.01，获得该路线的累积阻力。

则三条路线的累积阻力计算结果分别为：东向路线：4.5920，南向路线：4.1340，西北向路线：4.5356。累积阻力最小的南向迁移路线，是污染源造成环境和景观生态影响可能性最大的路线，为生态安全格局构建的主要方向。

步骤 4，根据垃圾堆放废弃场地的污染等级和其最小累积阻力获取垃圾废弃场地的生态安全评估指标。

将污染源污染等级划分结果（本研究案例中为 4），与最小累积阻力相除，得到该废弃污染场地生态安全评估指标：$I=0.968$。

步骤 5，根据垃圾废弃场地的生态安全评估指标结果进行生态修复方案比选与优化。

为构建垃圾堆放废弃污染场地及周边区域的生态安全格局，根据生态安全评估指标分析结果，结合景观化设计，可以在累积阻力最小的南向迁移路线上（含污染场地），通过变化用地类型或增设人工设施，如提出如下三种生态安全格局构建备选方案。

方案一，在垃圾堆放废弃场地内混合种植针对不同重金属和 PAHs 具有修复功能的灌木和草类，覆盖面积分别为 30%和 50%，其余部分种植不具修复功能的乔木以满足景观化需求，覆盖面积为 20%，该方法使得各类重金属（Cd，Cu，Pb，Zn）污染浓度均降低 20%，PAHs 去除率达 50%，不改变其他景观单元的用地类型和现状。

方案二，在垃圾堆放废弃场地内混合种植针对不同重金属和 PAHs 具有修复功能的灌木和草类，覆盖面积分别为 30%和 50%，其余部分仍种植不具修复功能的乔木以满足景观化需求，覆盖面积为 20%，该方法使得各类重金属（Cd，Cu，Pb，Zn）污染浓度均降低 20%，PAHs 去除率达 50%。在南向路线废弃场地与村民自有园地之间建设强化植物栅，通过植物根系截留作用，减少 25%的污染物随地表径流迁移。不改变其他景观单元的用地类型和现状。

方案三，在垃圾堆放废弃场地内混合种植针对不同重金属和 PAHs 具有修复功能的灌木和草类，覆盖面积分别为 20%和 75%，场地边界种植具有截留减渗功能的乔木以实现乔灌草联合配置植物栅，并满足景观化需求，覆盖面积为 5%；联合配置植物栅的建设，可通过植物根系截留作用减少 23%的污染物随地表径流迁移；该方法使得各类重金属（Cd，Cu，Pb，Zn）污染物浓度均降低 10%，PAHs 去除率达 80%。不改变其他景观单元的用地类型和现状。

对上述三个备选方案重新计算污染场地生态安全评估指标，结果如下：

方案一，废弃场地污染等级降为 3 级，东向、南向和西北向三条迁移路线的累积阻力分别为 4.6560，4.1980 和 4.5868。累积阻力最小的迁移路线仍为南向路线，该废弃污染场地生态安全评估指标：$I=0.715$。

方案二，废弃场地污染等级降为 3 级，东向、南向和西北向三条迁移路线的累积阻力分别为 4.6560, 4.2700 和 4.5868。累积阻力最小的迁移路线仍为南向路线，该废弃污染场地生态安全评估指标：$I=0.703$。

方案三，废弃场地污染等级降为 2 级，东向、南向和西北向三条迁移路线的累积阻力分别为 4.7710, 4.2650 和 4.7028。累积阻力最小的迁移路线仍为南向路线，该废弃污染场地生态安全评估指标：$I=0.469$。

根据上述方案计算结果可以看出，对于本实施例中的垃圾堆放废弃场地，由于 PAHs 等有机污染物浓度较高，对废弃场地本身的景观生态修复工程能够更加有效地降低其生态安全评估指标值。而设置强化植物栅进行污染物迁移截留，对生态安全有一定积极作用，特别是乔灌草联合配置植物栅能够有效增大污染物迁移阻力。方案一和方案二的生态安全评估指标差异不明显。针对案例中南向迁移路线阻力较小的特点，对方案二可做进一步调整，如改变南侧编号为 3 的村民自有园地的用地类型，使其由农业用地改为林业用地，以避免污染物进入农产品，其种植物种中包括 30%的具有修复功能的富集植物，剩余为其他经济林木。

对调整后的方案二进行重新评估，其废弃场地污染等级为 3 级，东向、南向和西北向三条迁移路线的累积阻力分别为 4.6560, 4.5100 和 4.5868，南向路线的累积阻力已有明显增大，该废弃污染场地生态安全评估指标：$I=0.665$。

然而，方案三采用了高效修复功能的物种搭配，可实现 PAHs 的有效去除，同时构建了乔-灌-草联合配置的强化植物栅，使得在进行污染土壤修复的同时，有效增大了污染物向各个路线的迁移阻力，其生态安全评估指标较调整后的方案二更低，达到 0.469，成为对比方案中生态安全评估指标最小的优选方案。

对比方案一、调整后的方案二和方案三可以看出，通过废弃污染场地的高效生态修复，并配合以乔灌草联合配置植物栅技术，能够在降低废弃场地污染水平的同时，对污染物迁移进行生态阻隔，使得方案三生态安全评估指标明显低于方案一和调整后的方案二，表明其景观生态修复效果较其他方案更优，可作为该废弃场地景观生态修复的技术选择方案。在本书第 2 章介绍的垃圾堆放废弃场地生态修复示范工程建设中，参考方案三进行了生态修复方案配置，建设了乔灌草联合配置植物栅，取得了良好的生态修复和景观化效果。

第5章 总 结

我国村镇地区普遍存在因随意堆放生活垃圾和粗放经营冶金电镀等小型工矿企业造成的废弃场地，严重损坏了村镇陆域生态系统，构成了潜在生态安全隐患。为改善农村人居环境，减少村镇陆域生活污染和工矿污染，本书以垃圾堆放废弃场地和小型工矿废弃场地等潜在环境风险源为研究对象，开展了适合中国北方农村经济有效的土壤生态修复技术研发和示范，构建了基于村镇废弃场地生态安全阻力因子分析的以人工-自然联合生态覆盖层和乔-灌-草联合配置植物栅技术为核心的低碳生态修复技术体系，并应用于河北省保定市涞水县某村垃圾堆放场和清苑县某村冶金工矿废弃场地生态修复，实现了良好的修复效果。取得的主要结果、结论如下。

5.1 主要结论

（1）针对我国陆域村镇废弃地污染特征，通过筛选和优化组合超积累植物，构建了高效吸收或降解多重污染物的复合植物生物栅拦截削减技术，通过复合不同种类植物生物栅的空间配置，使垃圾废弃地有机污染物降低 40%以上，工矿废弃地重金属污染有效削减。

（2）评估了不同植物物种截流减渗作用、不同修复植物间作对大规模修复的适宜性，优选乡土乔木、灌木、结合超富集草本植物，建构截流减渗阻滞污染的乔-灌-草联合配置的植物栅技术，充分拦截地表径流并减少下渗从而阻滞污染物迁移。对垃圾废弃地和工矿废弃地示范工程分别构建了（速生杨+金叶榆）+大叶黄杨+（景天+紫花苜蓿+黑麦草）植物栅和毛白杨+（大叶黄杨+紫叶小檗）+（黑麦草+高羊茅）植物栅。

（3）开发了基于阻力因子定量分析的生态安全评估指标及安全格局构建方法，将超富集植物修复技术与景观化构建技术相结合，建立了基于生态安全格局的陆域废弃场地景观生态修复技术体系。

5.2　主要结果

5.2.1　村镇废弃场地污染特征

（1）选定典型农村垃圾堆放场地，通过布点采样明确了土壤基本性质及 PAHs、重金属等主要污染物的空间分布特征。重金属 Cd、Pb、Cu 含量分别为 0.27 mg/kg、50.93 mg/kg、66.2 mg/kg，明显高于未污染土壤。采用地累积指数法和 Hakanson 潜在生态危害指数法对场地重金属污染进行评价表明，场地重金属污染处于中等水平，Cd 的污染最重，Pb、Cu 污染比较严重，As、Zn 污染较轻。示范场地垃圾堆放土壤中 16 种 PAHs 含量最高可达 1049.94 ng/g，是未污染土壤的 2.2 倍，呈中度至重度污染水平。

（2）选定冶金工矿废弃场地，通过布点监测与调研，明确土壤污染主要源自湿法炼锌和火法炼铅工艺废渣，土壤平均 pH 值为 5.2～6.5，含量超标的重金属元素主要是 As、Cd、Pb、Zn，其总量平均浓度分别达到 276～372 mg/kg、87～108 mg/kg、6364～22839 mg/kg、6949～46343 mg/kg。内梅罗综合污染指数平均值介于 9.3～53.0，属于重度污染；潜在生态危害指数平均值为 96.7～108.1，属于强生态风险。

5.2.2　村镇废弃场地修复植物栅构建和修复效果

（1）以草本植物作为主体修复植物，利用乔木、灌木的生态和景观功能，优选乡土乔木、灌木并结合超富集草本植物，建构了截流减渗阻滞污染的乔-灌-草联合配置的植物栅技术，充分拦截地表径流并减少下渗从而阻滞污染物迁移。对示范工程选定的垃圾堆放废弃场地和小型工矿废弃场地，分别构建了（速生杨+金叶榆）+大叶黄杨+（景天+紫花苜蓿+黑麦草）植物栅和毛白杨+（大叶黄杨+紫叶小檗）+（黑麦草+高羊茅）植物栅，取得了良好的生态修复效果。

（2）垃圾堆放场地植物修复示范场地监测结果表明，具有发达根系的景天和苜蓿适宜在 PAHs 污染场地生长，并能有效去除 PAHs，其中景天对场地 PAHs 的最大去除率为 83.5%，苜蓿对场地 PAHs 的最大去除率达 81.3%。景天、苜蓿、香根草、黑麦草以及乡土植物葎草和狗尾草可作为垃圾堆放废弃场地重金属污染修复的备选植物。苜蓿、香根草、黑麦草、狗尾草对 Cd、Cu、Pb、Zn 的富集系数均大于 1，且对 Cd 富集具有突出效果。景天、苜蓿、葎草对 Cd、Cu、Pb、Zn 的转移系数均大于 1，其中苜蓿对 Pb 的转移系数高达 61.1。香根草、黑麦草、狗尾草对 Cd、Cu、Pb、Zn 的转移系数均小于 1。景天对无机氮和氨氮去除率分别可达 67.1%和 80.0%，苜蓿对无机氮和氨氮去除率分别达 40.5%和 74.2%。

（3）重金属冶炼废渣污染工矿废弃地植物修复示范场地监测结果表明，人工种植的黑麦草、高羊茅地上部分和根部对 Pb 和 Zn 的富集量较大，均能超过 1000 mg/kg，而对 As 和 Cd 的富集不明显；紫花苜蓿对 As、Cd、Pb、Zn 的富集量均未超过 1000 mg/kg，但是对于污染场地的肥力改善有积极作用。刺儿菜作为野生物种，对于 Zn 具有良好的富集作用，且对 Pb、As、Cd 的忍耐性强。草本植物覆盖层对重金属元素 As、Cd、Pb、Zn 总量的年去除效率分别达到 1.8%、9.3%、4.0%、8.7%，而对有效态的年去除效率可分别达到 9.1%、11.8%、8.3%和 18.2%。

（4）采用功能性植物与景观性植物相结合的乔-灌-草联合配置植物栅，不仅提高了废弃地植被覆盖度和群落稳定性，且在修复污染场地的同时实现截流减渗以降低潜在环境风险。降雨通过乔木林冠层、灌木层、草本层和枯枝落叶层的再分配，部分进入土壤中被储存，被植物吸收蒸腾或通过地面直接蒸发，使得地表径流或渗入到包气带的水分减少，从而地表径流携带的泥沙量和污染物均因植被覆盖层的阻截滞留作用而减少。研究表明，乔-灌-草联合配置植物栅可截流降雨地表径流 70%～80%，乔木可截流降水量的 20%～30%。灌木、草本植物覆盖面积较大，可截流降水量的 50%左右。三种覆盖层类型对地表径流中四种主要重金属削减量达 23%，COD 平均削减量达 31.2%。

5.2.3　村镇废弃场地生态安全评估

（1）通过对典型陆域废弃场地景观生态特征调研，分析了与陆域自然生态系统相邻、与人文建筑系统相邻和与水域生态系统相邻的垃圾堆放废弃场地和小型工矿废弃场地等村镇受损陆域生态系统的生态安全特征；并通过构建相应阻力因子体系，对典型废弃场地的生态安全格局进行阻力因子分析，提出了废弃场地生态修复技术方案。

（2）通过建立针对村镇废弃场地的最小累积阻力模型和生态安全评估模型，开发了基于阻力因子定量分析的微尺度生态安全评估与优化技术体系，并明确了其生态安全指标评估以及方案比选的步骤与方法；对某典型小型工矿和垃圾堆放废弃场地进行生态安全评估的结果表明，采用乔灌草联合配置植物栅技术的高效生态修复技术方案，可使两者生态安全评估指标分别由 1.212 和 0.968 降至 0.921 和 0.469。

（3）将微尺度生态安全评估与优化技术与人工-自然联合生态覆盖层及乔-灌-草联合配置植物栅的低碳生态修复和景观化构建技术相结合，建立了基于生态安全格局的陆域废弃场地景观生态修复技术体系。

研究成果为环境保护工作相对落后的村镇地区废弃场地的植物生态修复提供了可以借鉴和推广的绿色技术，为推动地方污染场地治理提供了重要技术支撑，具有广阔的推广与应用价值及产业化前景。

5.3　技术特色

　　针对村镇垃圾堆放和小型工矿废弃场地污染及生态系统退化特征，突破形成了基于村镇废弃场地生态安全评估的乔-灌-草联合配置植物栅的低碳生态修复技术体系。该体系首先依照污染场地的尺度、污染特征及其与周边环境和生态系统的关系，特别是污染程度、污染物迁移阻力分析确定联合植物栅修复技术的乔-灌-草基本配比和配置；再者，通过筛选具有重金属超富集作用或有机物降解作用的特定修复植物物种，分别结合人工播撒外源物种、移栽乡土优势物种和保留原有野生物种，共同构成人工-自然联合生态覆盖层主体；最后通过对多种具有修复功能和景观功能的物种优化组合，构建生长迅速、生物量大、具有水土保持、截流减渗阻截、阻滞污染扩散功能的乔-灌-草联合配置多重植物栅，全面实现植物修复、植物缓冲带和植物景观设计的综合修复目标。

　　该技术体系成功应用于示范工程。利用基于阻力因子定量分析的微尺度生态安全评估与优化技术体系，对某典型小型工矿和垃圾堆放废弃场地进行生态安全评估，结果表明采用乔灌草联合配置植物栅技术的高效生态修复技术方案，可使两者生态安全评估指标分别由 1.212 和 0.968 降至 0.921 和 0.469，并为示范场地的生态修复方案配置优化提供了指导。基于此，对垃圾废弃地和工矿废弃地示范工程分别构建了（速生杨+金叶榆）+大叶黄杨+（景天+紫花苜蓿+黑麦草）植物栅和毛白杨+（大叶黄杨+紫叶小檗）+（黑麦草+高羊茅）植物栅。主体修复植物能有效去除 PAHs，其中景天对场地 PAHs 的最大去除率为 83.5%，苜蓿对场地 PAHs 的最大去除率达 81.3%。草本植物覆盖层对重金属元素 As、Cd、Pb、Zn 总量的年去除效率分别达到 1.8%、9.3%、4.0%、8.7%，而对有效态的年去除效率可分别达到 9.1%、11.8%、8.3% 和 18.2%。乔-灌-草联合配置植物栅可截流降雨地表径流 70%～80%，乔木可截流降水量的 20%～30%，灌木、草本植物覆盖面积较大，可截流降水量的 50%左右。三种覆盖层类型对地表径流中四种主要重金属削减量达 23%，COD 平均削减量达 31.2%。

　　该技术体系具有生态修复功能全面、效果突出、成本低廉、环境与社会效益明显等优势，适合于我国大中型或小型村镇废弃场地的生态修复，符合村镇经济发展和环境保护的科技需求，具有广阔的推广与应用前景。特别是通过相应技术在实际村镇垃圾堆放和小型工矿废弃场地的工程示范，能够带动村镇人居环境和村容村貌的显著改善，为村镇生态系统修复提供了一条经济可行的技术路线，为村镇环境综合整治重大科技工程提供了重要技术支撑。

参 考 文 献

白军红, 邓伟, 张玉霞, 等. 2002. 洪泛区天然湿地土壤有机质及氮素空间分布特征. 环境科学, 23(2): 77-81.

包丹丹, 李恋卿, 潘根兴, 等. 2011. 苏南某冶炼厂周边农田土壤重金属分布及风险评价. 农业环境科学学报, 30(8): 1546-1552.

常馨方, 郭小平, 杜文利. 2008. 垃圾场边坡覆盖蚯蚓土对野花生长及光合特性的影响. 北方园艺, (8): 30-34.

陈利顶, 李秀珍, 傅伯杰, 等. 2014. 中国景观生态学发展历程与未来研究重点. 生态学报, 1(12): 3129-3141.

陈明, 徐慧, 蔡忠萍, 等. 2014. 植物改良矿山废弃地的研究进展. 有色金属科学与工程, (4): 77-82.

陈同斌. 1999. 重金属对土壤的污染. 金属世界, (3): 10-11.

程赟. 2011. 我国每年产生近 10 亿吨垃圾. 共产党员, (9): 50.

褚红榜. 2009. 广州市垃圾填埋场渗滤液及其周围水体与土壤中的多环芳烃和邻苯二甲酸酯初探. 广州: 广州大学硕士学位论文.

戴媛, 谭晓荣, 冷进松. 2007. 超富集植物修复重金属污染的机制与影响因素. 河南农业科学, (4): 10-13.

丁佳红, 刘登义, 储玲, 等. 2004. 重金属污染土壤植物修复的研究进展和应用前景. 生物学杂志, 21(4): 6-9.

敦婉如, 岳喜连. 1994. 垃圾填埋场营造人工植被的研究. 环境科学, (2): 53-58.

范例, 罗毅, 罗财红. 2011. 固体废物集中填埋和焚烧处置场周边土壤污染状况研究//中国环境科学学会学术年会论文集(第二卷). 北京: 中国环境出版社.

冯国光. 2006. 城市生活垃圾老龄填埋场渗滤液的脱氮研究. 上海: 同济大学硕士学位论文.

付亚星. 2014. 石家庄市土壤重金属空间分布特征及污染评价研究. 石家庄: 河北师范大学硕士学位论文.

高飞. 2012. 浅析城市景观规划的生态发展. 城市建设理论研究: 电子版, (16).

高吉喜, 沈英娃. 1997. 垃圾土上植物的生长与生态毒性试验. 环境科学研究, (3): 51-53.

高雁鹏, 石平, 魏欣茹. 2013. 工业废弃地的植物修复演替过程研究. 北方园艺, (12): 78-81.

谷金锋, 蔡体久, 肖洋, 等. 2004. 工矿区废弃地的植被恢复. 东北林业大学学报, 32(3): 19-22.

官春强. 2017. 土壤调理修复主调已定, 该从何处入手?. 营销界(农资与市场), (20): 38-40.

韩晓君, 李恋卿, 潘根兴, 等. 2009. 生活垃圾堆填区周边农田土壤中多环芳烃的污染特征. 生态环境学报, 18(4): 1251-1255.

韩振华, 李建东, 殷红, 等. 2010. 基于景观格局的辽河三角洲湿地生态安全分析. 生态环境学报, 19(3): 701-705.

胡秀仁. 1995. 城市生活垃圾堆放场植被恢复技术初探. 北京: 海峡两岸环境保护学术研讨会.

季义力. 2013. 浅谈生态园林保留景观场地中原生植物的重要性. 绿色科技, (2):92-94.

贾陈忠, 张彩香, 刘松. 2012. 垃圾渗滤液对周边水环境的有机污染影响——以武汉市金口垃圾填埋场为例. 长江大学学报(自科版), 9(5): 22-25.

孔祥娟, 何强, 柴宏祥. 2009. 城镇污水厂污泥处理处置技术现状与发展. 建设科技, (19): 57-59.

旷远文, 温达志, 周国逸. 2004. 有机物及重金属植物修复研究进展. 生态学杂志, 23(1): 90-96.

雷弢, 万红友. 2007. 农村垃圾污染及其治理措施. 环境, (8): 96-97.

黎晓亚, 马克明, 傅伯杰, 等. 2004. 区域生态安全格局: 设计原则与方法. 生态学报, 24(5): 1055-1062.

李花粉, 张福锁, 李春俭, 等. 1998. 根分泌物对根际重金属动态的影响. 环境科学学报, 18(2): 199-203.

李晶, 蒙吉军, 毛熙彦. 2013. 基于最小累积阻力模型的农牧交错带土地利用生态安全格局构建——以鄂尔多斯市准格尔旗为例. 北京大学学报(自然科学版), 49(4): 707-715.

李紫燕, 李世清, 李生秀. 2008. 黄土高原典型土壤有机氮矿化过程. 生态学报, 28(10): 4940-4950.

梁流涛. 2009. 农村生态环境时空特征及其演变规律研究. 南京: 南京农业大学博士学位论文.

廖利, 吴学龙. 1999. 深圳盐田垃圾场对周围土壤污染状况分析. 城市环境与城市生态, (3): 51-53.

林学瑞, 廖文波, 蓝崇钰, 等. 2002. 垃圾填埋场植被恢复及其环境影响因子的研究. 应用与环境生物学报, 8(6): 571-577.

刘军郜. 2011. 当前农村环境问题的现状及对策建议. 河南农业, (9): 25.

刘凯. 2000. 北京城市生活垃圾处理策略研究. 北京: 对外经济贸易大学硕士学位论文.

卢嫄. 2006. 垃圾填埋场植被调查及其适生植物耐性微生物学机理研究. 杭州: 浙江大学硕士学位论文.

马克明, 傅伯杰, 黎晓亚, 等. 2004. 区域生态安全格局: 概念与理论基础. 生态学报, 1(4): 761-768.

邱立成. 2014. 环保治污重心须向农村转移. 农村工作通讯, (9): 47.

邵立明, 何品晶, 瞿贤. 2006. 回灌渗滤液 pH 和 VFA 浓度对填埋层初期甲烷化的影响. 环境科学学报, 26(9): 1451-1457.

石嫣, 程存旺. 2013. 垃圾处理的起点还是终点——以北京市通州区 MF 村为例. 装饰, (6): 39-41.

史波芬. 2011. 《生活垃圾卫生填埋技术导则》编制研究及工程应用——以垃圾产量预测、库容计算和垃圾坝设计为例. 武汉: 华中科技大学硕士学位论文.

史培军, 宋长青, 景贵飞. 2002. 加强我国土地利用/覆盖变化及其对生态环境安全影响的研究——从荷兰"全球变化开放科学会议"看人地系统动力学研究的发展趋势. 地球科学进展, 17(2): 161-168.

孙桂琴, 刘遂飞, 王见华, 等. 2014. 绿篱苗木的整形修剪. 现代园艺, (21): 49-50.

孙约兵, 周启星, 郭观林. 2007. 植物修复重金属污染土壤的强化措施. 环境工程学报, 1(3): 103-110.

覃勇荣, 陈燕师, 刘旭辉, 等. 2010. 土壤重金属污染背景下的任豆修复试验. 农业环境科学学报, 29(2): 282-287.

谭豪波, 赵岩, 孙峥, 等. 2016. 废弃场地修复的微尺度生态安全评估优化体系. 中国环境科学,

36(7): 2169-2177.

汤家喜, 孙丽娜, 孙铁珩, 等. 2012. 河岸缓冲带对氮磷的截留转化及其生态恢复研究进展. 生态环境学报, (8): 1514-1520.

唐翔宇, 朱永官. 2004. 土壤中重金属对人体生物有效性的体外试验评估. 环境与健康杂志, 21(3): 183-185.

滕志坤. 2012. 黑龙江省农村垃圾现状分析及对策. 环境科学与管理, 37(8): 34-36.

王宝贞, 王琳. 2005. 城市固体废物渗滤液处理与处置. 北京: 化学工业出版社.

王海军. 2014. 北方绿篱植物及整形修剪技术. 现代农村科技, (16): 54-55.

王建林, 刘芷宇. 1991. 重金属在根际中的化学行为: Ⅰ. 土壤中铜吸附的根际效应. 环境科学学报, 11(2): 178-186.

王起明. 2013. 巴东黄土坡搬迁遗址生态修复规划研究. 武汉: 华中农业大学硕士学位论文.

王庆海, 肖波, 却晓娥. 2012. 退化环境植物修复的理论与技术实践. 北京: 科学出版社.

王文军. 2010. 低碳经济的概念及发展模式研究. 科学经济社会, 28(2): 69-71.

王瑶, 宫辉力, 李小娟. 2007. 基于最小累计阻力模型的景观通达性分析. 地理空间信息, 5(4): 45-47.

王瑛, 张建锋, 陈光才, 等. 2012. 太湖流域典型入湖港口景观格局对河流水质的影响. 生态学报, 32(20): 6422-6430.

韦朝阳, 陈同斌. 2001. 重金属超富集植物及植物修复技术研究进展. 生态学报, 21(7): 1196-1203.

魏伟. 2009. 基于GIS和RS的石羊河流域景观格局分析及景观格局利用优化研究. 兰州: 西北师范大学硕士学位论文.

文博, 刘友兆, 夏敏. 2014. 基于景观安全格局的农村居民点用地布局优化. 农业工程学报, 30(8): 181-191.

邬建国. 2004. 景观生态学中的十大研究论题. 生态学报, 24(9): 2074-2076.

吴志强, 顾尚义, 李海英, 等. 2007. 重金属污染土壤的植物修复及超积累植物的研究进展. 环境科学与管理, 32(3): 67-71.

席北斗, 侯佳奇. 2017. 我国村镇垃圾处理挑战与对策. 环境保护, (14): 7-10.

夏汉平, 敖惠修, 刘世忠. 2002. 香根草生态工程应用于公路护坡的效益研究. 草业科学, 19(1): 52-56.

夏立江, 温小乐. 2001. 生活垃圾堆填区周边土壤的性状变化及其污染状况. 生态环境学报, 10(1): 17-19.

肖可青. 2009. 垃圾填埋场渗滤液处理技术及其应用. 环境工程, (s1): 181-184.

肖舒, 邓湘雯, 黄志宏, 等. 2017. 栾树对湘潭锰尾矿土不同处理方式下植被修复盆栽实验. 环境科学学报, 37(7): 2721-2727.

谢花林. 2008. 基于景观结构和空间统计学的区域生态风险分析. 生态学报, 28(10): 5020-5026.

谢文刚. 2009 《生活垃圾卫生填埋技术规范》国标编制研究——以防渗系统和渗沥液处理系统为例. 武汉: 华中科技大学硕士学位论文.

邢丹, 刘鸿雁, 于萍萍, 等. 2012. 黔西北铅锌矿区植物群落分布及其对重金属的迁移特征. 生态学报, 32(3): 796-804.

徐礼生, 吴龙华, 高贵珍, 等. 2010. 重金属污染土壤的植物修复及其机理研究进展. 地球与环境,

38(3): 372-377.

杨红军. 2008. 五里湖湖滨带生态恢复和重建的基础研究. 上海: 上海交通大学博士学位论文.

杨锐, 王浩. 2010. 景观突围: 城市垃圾填埋场的生态恢复与景观重建. 城市发展研究, 17(8): 81-86.

杨曙辉, 宋天庆, 陈怀军, 等. 2010. 中国农村垃圾污染问题试析. 中国人口·资源与环境, 115(s1): 405-408.

余江. 2010. 菜园土壤重金属污染特征及蔬菜食用安全性评价. 厦门: 集美大学硕士学位论文.

俞孔坚, 乔青, 李迪华, 等. 2009. 基于景观安全格局分析的生态用地研究——以北京市东三乡为例. 应用生态学报, 20(8): 1932-1939.

翟力新, 王敏民, 刘晶昊. 2006. 我国生活垃圾卫生填埋技术的发展. 中国环保产业, (6): 37-39.

张彩香. 2007. 垃圾渗滤液中溶解有机质与内分泌干扰物相互作用研究. 北京: 中国地质大学博士学位论文.

张富运, 陈永华, 吴晓芙, 等. 2012. 铅锌超富集植物及耐性植物筛选研究进展. 中南林业科技大学学报, 32(12): 92-96.

张国发, 姜旭红, 崔玉波. 2005. 香根草研究与应用进展. 草业科学, 22(1): 73-78.

张雷, 秦延文, 郑丙辉, 等. 2011. 三峡水库入库河流大宁河土壤重金属分布特征. 环境科学与技术, 34(4): 81-85.

张小红. 2008. 氢化物发生——原子荧光法测定食品添加剂中砷、汞的研究及其应用. 济南: 山东大学硕士学位论文.

赵筱青, 王海波, 杨树华, 等. 2009. 基于 GIS 支持下的土地资源空间格局生态优化. 生态学报, 29(9): 4892-4910.

赵阳. 2013. 大连涉农地区生活垃圾调查及处理规划研究. 大连: 大连理工大学硕士学位论文.

周彬, 钟林生, 陈田, 等. 2015. 浙江省旅游生态安全的时空格局及障碍因子. 地理科学, 35(5): 599-607.

周国华, 黄怀曾, 何红蓼. 2002. 重金属污染土壤植物修复及进展. 环境工程学报, 3(6): 33-39.

周良. 2012. 垃圾填埋场生态修复技术发展现状及思考. 环境科技, 25(4): 71-74.

周锐. 2013. 快速城镇化地区城镇扩展的生态安全格局. 城市发展研究, 20(8): 82-87.

朱雅兰. 2010. 重金属污染土壤植物修复的研究进展与应用. 湖北农业科学, 49(6): 1495-1499.

宗和. 2014. 全国土壤污染状况调查: 土壤环境问题突出 将严控农业投入品乱用问题. 中国农资, (17): 19.

Ali H, Khan E, Sajad M A. 2013. Phytoremediation of heavy metals-concepts and applications. Chemosphere, 91(7): 869-881.

Belevi H, Baccini P. 1989. Long-term behavior of municipal solid waste landfills. Waste Management and Research, 7(1): 43-56.

Bell T H, Joly S, Pitre F E, et al. 2014. Increasing phytoremediation efficiency and reliability using novel omics approaches. Trends in Biotechnology, 32(5): 271-280.

Bireescu L, Bireescu G, Constandache C, et al. 2010. Ecopedological research for ecological rehabilitation of degraded lands from Eastern Romania. Soil and Water Research, 5(3): 96-101.

Bradshanl A D, Chsdwick M J. 1990. The Restoration of Land. Oxford: Blackwell Scientific Publication.

Çador I C, Vale C, Catarino F. 1996. Accumulation of Zn, Pb, Cu, Cr and Ni in Sediments Between Roots of the Tagus Estuary Salt Marshes, Portugal. Estuarine Coastal & Shelf Science, 42(3): 393-403.

Dao L, Morrison L, Kiely G, et al. 2013. Spatial distribution of potentially bioavailable metals in surface soils of a contaminated sports ground in Galway, Ireland. Environmental Geochemistry & Health, 35(2): 227-238.

Flower F B. 1978. A study of vegetation problems associated with refuse landfills. USA: Environmental Protection Agency, Office of Research and Development, Municipal Environmental Laboratory, 130.

Gholami A, Panahpour E. 2010. Application of compost leachate and its effect on absorption of soil cadmium by plants. International Journal of Agronomy & Plant Production, 1(1): 6-10.

Gupta A K, Sinha S. 2006. Chemical fractionation and heavy metal accumulation in the plant of Sesamum indicum, (L.) var. T55 grown on soil amended with tannery sludge: Selection of single extractants. Chemosphere, 64(1): 161-173.

Kabas S, Faz A, Acosta J A, et al. 2012. Effect of marble waste and pig slurry on the growth of native vegetation and heavy metal mobility in a mine tailing pond. Journal of Geochemical Exploration, 123(12): 69-76.

Karczewska A, Lewińska K, Gałka B. 2013. Arsenic extractability and uptake by velvetgrass Holcus lanatus, and ryegrass Lolium perenne, in variously treated soils polluted by tailing spills. Journal of Hazardous Materials, 262(22): 1014-1021.

Li M S, Luo Y P, Su Z Y. 2007. Heavy metal concentrations in soils and plant accumulation in a restored manganese mineland in Guangxi, South China. Environmental Pollution, 147(1): 168-175.

Liu G, Yu Y, Hou J, et al. 2014. An ecological risk assessment of heavy metal pollution of the agricultural ecosystem near a lead-acid battery factory. Ecological Indicators, 47: 210-218.

Liu H H, Sang S X. 2010. Study on the law of heavy metal leaching in municipal solid waste landfill. Environmental Monitoring & Assessment, 165(1-4): 349-363.

Liu H, Meng F, Tong Y, et al. 2014. Effect of plant density on phytoremediation of polycyclic aromatic hydrocarbons contaminated sediments with Vallisneria spiralis. Ecological Engineering, 73: 380-385.

Long Y Y, Shen D S, Wang H T, et al. 2011. Heavy metal source analysis in municipal solid waste (MSW): case study on Cu and Zn. Journal of Hazardous Materials, 186(2-3): 1082-1087.

Maliszewska-Kordybach B, Smreczak B, Klimkowicz-Pawlas A, et al. 2008. Monitoring of the total content of polycyclic aromatic hydrocarbons(PAHs) in arable soils in Poland. Chemosphere, 73(8): 1284-1291.

Morikawa H, Erkin O C. 2003. Basic processes in phytoremediation and some applications to air pollution control. Chemosphere, 52(9): 1553.

Oliveira T S, Pio C A, Alves C A, et al. 2007. Seasonal variation of particulate lipophilic organic compounds at nonurban sites in Europe. Journal of Geophysical Research Atmospheres, 112(D23S09): 1-20.

Pawlowska T E, Chaney R L, Chin M, et al. 2000. Effects of Metal Phytoextraction Practices on the Indigenous Community of Arbuscular Mycorrhizal Fungi at a Metal-Contaminated Landfill. Applied and Environmental Microbiology, 66(6): 2526-2530.

Prechthai T, Parkpian P, Visvanathan C. 2008. Assessment of heavy metal contamination and its mobilization from municipal solid waste open dumping site. Journal of Hazardous Materials, 156(1-3): 86.

Quan S X, Yan B, Lei C, et al. 2014. Distribution of heavy metal pollution in sediments from an acid leaching site of e-waste. Science of the Total Environment, 499(1): 349-355.

Rajkumar M, Sandhya S, Prasad M N, et al. 2012. Perspectives of plant-associated microbes in heavy metal phytoremediation. Biotechnology Advances, 30(6): 1562-1574.

Stana-Kleinschek K, Strnad S, Ribitsch V. 1999. Plant heavy metal concentrations and soil biological properties in agricultural serpentine soils. Communications in Soil Science & Plant Analysis, 30(13-14): 1867-1884.

Tremolada P, Parolini M, Binelli A, et al. 2009. Seasonal changes and temperature-dependent accumulation of polycyclic aromatic hydrocarbons in high-altitude soils. Science of the Total Environment, 407(14): 4269-4277.

USEPA. 2000. Introduction to phytoremediation. EPA/ 600/ R99/107, Wa shington D C.

USEPA. 2009. Technical/Regulatory Guidance-Phytotechnology Technical and Regulatory Guidance and Decision Trees, revised.

Yan H, Cousins I T, Zhang C, et al. 2015. Perfluoroalkyl acids in municipal landfill leachates from China: Occurrence, fate during leachate treatment and potential impact on groundwater. Science of the Total Environment, 524-525: 23-31.

Ye Y, Su Y, Zhang H, et al. 2015. Construction of an ecological resistance surface model and its application in urban expansion simulation. Journal of Geographical Sciences, 25(2): 211-224.

Zhai Y, Liu X, Chen H, et al. 2014. Source identification and potential ecological risk assessment of heavy metals in PM2. 5 from Changsha. Science of the Total Environment, 493: 109-115.

Zhou Y, Ning X A, Liao X, et al. 2013. Characterization and environmental risk assessment of heavy metals found in fly ashes from waste filter bags obtained from a Chinese steel plant. Ecotoxicology & Environmental Safety, 95(1): 130.